退化土地植被恢复与重建技术丛书

高寒沙地防护林
生态服务功能研究

贾志清 等 著

科学出版社

北京

内 容 简 介

本书是在大力推进生态文明和美丽中国建设的历史背景下，以高寒沙地区域生态环境建设实际需求为目标，基于青海共和荒漠生态系统国家定位观测研究站长期大量野外实地观测数据，在深入研究高寒沙地典型防护林生理生态特性及其与环境关系的基础上，构建了高寒沙地防护林生态服务功能综合评价体系，全面系统地分析了不同类型防护林在改善小气候、防风固沙、固碳及改良土壤等方面的生态服务功能。利用地理信息系统（GIS）和遥感（RS）技术，在区域尺度上，对高寒沙地生态服务功能进行了综合评估。研究成果可为高寒沙地生态环境建设以及监测评估提供理论依据和技术支撑。

本书可供生态环境、水土保持与荒漠化防治、植物生理学、森林培育等领域的技术人员以及管理人员参考。

图书在版编目（CIP）数据

高寒沙地防护林生态服务功能研究/贾志清等著. —北京：科学出版社，2018.6

（退化土地植被恢复与重建技术丛书）

ISBN 978-7-03-054753-8

Ⅰ.①高…　Ⅱ.①贾…　Ⅲ.①寒冷地区–沙漠化–防治–研究–中国
Ⅳ.①P942.073

中国版本图书馆 CIP 数据核字(2017)第 246367 号

责任编辑：张会格 / 责任校对：郑金红
责任印制：张　伟 / 封面设计：刘新新

科学出版社 出版
北京东黄城根北街 16 号
邮政编码：100717
http://www.sciencep.com

北京虎彩文化传播有限公司 印刷
科学出版社发行　各地新华书店经销

＊

2018 年 6 月第　一　版　开本：B5 (720×1000)
2018 年 6 月第一次印刷　印张：10 3/4　插页：4
字数：218 000
定价：118.00 元

（如有印装质量问题，我社负责调换）

《高寒沙地防护林生态服务功能研究》
编著组

主　编：贾志清

副主编：李清雪　李　虹

编著人员（按姓氏笔画排序）：

于　洋　冯莉莉　朱雅娟　刘　瑛　刘丽颖

刘海涛　李　虹　李清雪　杨恒华　杨德福

何凌仙子　赵雪彬　贾志清

前　言

　　生态系统是指一个具有特定功能的有机体，由生产者、消费者、分解者、无机环境等部分组成，其间不断地进行着物质循环、能量流动和信息传递活动。生态系统服务功能主要包括向社会经济系统输入有用的物质和能量、接收和转化来自社会经济系统的废弃物，以及直接向人类社会成员提供服务。20世纪60年代以来，人口急剧增加、对资源掠夺式开采、生态环境破坏等因素造成生态系统退化、土地荒漠化、气候变暖、生物多样性丧失等一系列环境问题，并日益威胁人类生存与发展。随着上述生态环境问题的产生，生态系统的服务功能日益被重视，生态系统的功能及固有价值也成为生态学领域的一个研究热点，尤其是2001年6月5日，由世界卫生组织、联合国环境规划署和世界银行等机构组织开展的千年生态系统评估（millennium ecosystem assessment，MA），首次对全球生态系统进行了多层次综合评估，极大地推进了对生态系统服务功能的研究。

　　青海高原高寒区是全国沙漠化危害最严重的地区之一，其独特的地理、地质和气候环境，加上人类不合理的经济活动，形成了大面积的沙地。青海高原的高寒沙区与其他沙区比较，最大的特点就是海拔高、气温低、积温少、无霜期短，是自然环境条件最严酷的沙区之一。青海省共和盆地位于青藏高原东北部，是祁连山与昆仑山的过渡带，气候类型属高寒干旱荒漠与半干旱草原的过渡区域，既是高寒荒漠生态系统环境变化的敏感地区，又是青海省荒漠化的典型代表。因此，本专著以共和盆地为主要研究区，对高寒沙地防护林生态服务功能进行研究。

　　1958年青海省林业厅在共和县沙珠玉乡建立了青海省治沙试验站，2006年其加入国家陆地生态系统定位观测研究站网，是国内唯一一个以高寒荒漠生态系统为研究对象的生态站。经过一代代治沙人50多年的努力，通过采取工程治沙、植物治沙、工程与植物相结合的治沙措施，实现了退化生态系统的植被恢复与重建，取得了显著成效，目前已建成完整的防风固沙体系，主要的防护林类型有中间锦鸡儿防护林、乌柳防护林、柠条锦鸡儿防护林、沙蒿防护林、怪柳防护林等纯林防护林，小叶杨+乌柳防护林和乌柳+沙柳防护林等混交林防护林。

　　本专著基于青海共和荒漠生态系统国家定位观测研究站（简称共和站）长

期观测研究的数据，充分考虑高寒沙地人工防护林的典型性和代表性，采用植物生理学、生态学、植物学、土壤学、水文学等相结合的研究方法，系统分析了不同典型防护林的光合特性、水分利用策略、根系分布特征、林下生物多样性以及土壤养分等生理生态特征。选取改善小气候功能、防风固沙功能、固碳功能及改良土壤功能等主要功能指标，构建了高寒沙地防护林生态服务功能评价体系。在区域尺度上，利用地理信息系统（GIS）结合遥感（RS）分析，对青海省共和盆地区域生态服务功能进行了评估。研究成果将为高寒沙地生态林业工程建设及实施效果评估提供理论依据与技术支撑，对于全面认识青藏高原荒漠生态系统服务功能，构筑青藏高原生态脆弱区生态安全屏障具有重要的现实意义。

全书共 6 章。本书编写人员分工如下：第 1 章，贾志清、李清雪、李虹、冯莉莉；第 2 章，贾志清、李清雪、李虹、杨德福、冯莉莉；第 3 章，贾志清、李清雪、李虹、杨德福、杨恒华、赵雪彬、冯莉莉；第 4 章，贾志清、刘海涛、于洋、刘丽颖、李清雪；第 5 章，贾志清、李虹、朱雅娟、李清雪、冯莉莉；第 6 章，贾志清、冯莉莉、刘瑛、李清雪、李虹；附录，贾志清、何凌仙子、李清雪、李虹。

全书由贾志清、李清雪负责统稿和定稿。

本项研究依托青海共和荒漠生态系统定位观测研究站，由林业公益性行业科研专项"高寒沙地防护林生态服务功能研究（201204203）"和"十二五"农村领域国家科技计划专题"优良固沙植物材料筛选及其配套技术研究（2012BAD16B0102）"共同资助完成。

本书的部分照片由青海省林业厅许国海、杨德福提供，在此表示感谢。

本书作为科学研究的阶段性成果，由于各方面条件所限，难免会有一些不足之处，敬请广大读者批评指正。

著　者

2017 年 3 月

目　　录

第1章 绪 论

1.1 生态系统服务的内涵

生态系统服务在西方兴起的标志性著作 *Nature's Service: Societal Dependence on Natural Ecosystem* 中,被定义为"生态系统服务是支持和满足人类生存的自然系统及其组成物种的条件和过程"。此后,不同的学者从各自不同的角度给生态系统服务下了定义,比较典型的有:Cairns(1997)从生态系统的特征出发将其定义为"对人类生存和生活质量有贡献的生态系统产品和生态系统功能",该定义也指出生态系统服务对人类是有贡献的,生态系统服务体现的主体是产品和功能。董全(1999)认为"生态系统服务是自然生物过程产生和维持的环境资源方面的条件和服务",该定义暗含了生态系统服务对人类生存的支持,同时指出是自然过程产生和维持的,并通过环境资源的条件和服务对人类社会起作用。综合上述定义可以发现,生态系统服务是指自然生态系统及其组成物种产生的对人类生存和发展有支持作用的状况和过程,即自然生态系统的结构和功能的维持会生产出对人类的生存和发展有支持和满足作用的产品、资源和环境。

生态系统服务功能主要包括向社会经济系统输入有用的物质和能量、接收和转化来自社会经济系统的废弃物,以及直接向人类社会成员提供服务。目前,生态系统服务功能包括多种指标,可被概略地分为两类:一类是生态系统产品,如为人类提供食物、原材料、药品等可以商品化的功能,表现为直接价值;另一类是支撑与维持人类赖以生存的环境,如气候调节、物质循环、水文稳定、净化环境、生物多样性维持、防灾减灾和社会文化等难以商品化的功能,表现为间接价值(张永利等,2010)。Daily(1997)认为生态系统的服务功能应包括空气与水的净化、干旱与洪涝灾害的控制、对废弃物的分解及种子的传播等。Costanza 等(1997)将生态系统服务功能分为了 17 种利用方式,主要包括气候管理、气体管理、扰乱管理、水管理、水供应、侵蚀控制及沉积保存、土壤形成、营养循环、废物处理、授粉、生物控制、庇护、食物生产、原材料、遗传资源、娱乐、文化等。谢高地等(2001)在 Costanza 等研究的基础上,参考中国地区生态系统的特点,在对我国 200 位生态学者进行问卷调查的基础上,制定出了我国生态系统生态服务价值当量因子表。该表主要是针对我国主要的 6 种自然生态系统(森林、草地、农田、湿地、水体和荒漠),对我国的生态系统服务功能进行了归纳总结,并将其划分为气候调节、气体调节、水源涵养、土壤形成与保护、废物处理、生物多样性维持、食物生产、原材料生产、休闲娱乐等 9 项功能，并以此为基础制定出了我国不同陆地生态系统单位面积生态服务价值表。目前，得到国际广泛认可的生态系统服务功能分类系统是由联合国千年生态系统评估（MA）提出的，其将主要服务功能利用方式划分为提供产品、调节、文化和支持这 4 个大的功能组（Millennium Ecosystem Assessment，2005）。

1.2 生态系统服务功能国内外研究概况

1.2.1 生态系统服务功能国外研究概况

目前国外有关生态系统服务及其价值评估已经研究的相当广泛，其主要特点是不同研究者从不同的研究角度开展工作。现代意义上的生态系统服务最早见于 1864 年 Marsh 著述的 *Man and Nature* 一书，他注意到森林生态系统具有保持水土、改善气候、净化环境、控制害虫和修复工农业导致的环境破坏的作用。1935 年 Tasley 提出了生态系统的概念，生态系统逐渐成为生态学研究的一个基本单位。20 世纪 40 年代，Leopold 就认真思考了生态系统向人类提供服务的问题，提出了"健康的土壤是被人类使用但其功能没有降低的土壤"的观点。Holdren 和 Ehrlich（1974）发表的题为 *Human population and the global environment* 的文章中，提出了生态服务功能与生物多样性的丧失之间的关系，并讨论了能否用先进的科学技术来替代自然生态系统的服务功能等问题。该文章的发表不仅引起了人类对生态服务功能的关注，同时也为对生态服务今后的深入研究奠定了良好的基础。Ehrlich 和 Ehrlich（1981）对"全球生态系统的公共服务"和"自然的服务"进行了梳理和统一，提出了"生态系统服务（ecosystem service）"，这一术语逐渐被公众和学术界认可，其内涵也更加明确。以 Daily（1997）主编的 *Nature's Service：Societal Dependence on Natural Ecosystem* 一书为标志，生态系统服务功能研究已成为生态学中的热点问题之一。随后以 Daily 为代表的研究小组系统地对生态系统服务功能的概念、研究简史、价值评估理论、不同生态系统的服务功能等方面的内容进行了研究。

Costanza 等（1997）在 *Nature* 发表的 *The value of the world's ecosystem services and natural capital* 一文中对全球 16 种生物群系的 17 项生态系统服务功能及其自然资本的价值进行了评估，得到的总经济价值约为 33 万亿美元。Pimentel（1998）还曾尝试估算了生物多样性提供的服务价值，包括有机废弃物的分解、7000 多种化学物质的生物降解、土壤生物对农业生产的作用、生物固氮、动物和植物基因改良、害虫控制、农作物授粉、药用植物等。据他们测算的结果，美国境内和全球范围内所有生物及基因带来的经济和环境利益分别为 3000 亿美元/a 和 30 000 亿美元/a。2001 年，联合国启动千年生态系统评估（MA），以生态系统服务功能评价作为主线，对全球生态系统进行评价，将生态学知识与人类对自然的认识成果应用于经济决策中，提出生态系统服务功能是人类从生态系统中能够获得的利益。评价生态系统服务功能的货币价值对于协调人与自然系统之间的关系具有重要作用，在微观层面上，价值评价能够揭示生态系统的结构、功能及其在维持人类福利中的复杂作用，其边际效益估算能够提供自然环境的相对稀缺性的定量信息，从而引导人类对自然生态系统的合理利用；在宏观层面上，价值评价有助于构建人类福利和可持续发展的指标体系（Howarth and Farber，2002）。MA 计划开展后，对生态系统服务功能的研究也集中在对生态系统服务功能评估方面。随后，国外相继研发了多种适合于大尺度评估生态系统服务功能的生态模型。Boumans 等（2002）研发出全球生物圈复合模型（GUMBO），并利用此模型计算出 2000 年全球生态系统服务功能价值是世界生产总值的 4.5 倍。此后，CITYgreen、InVEST、ARIES、SolVES 等生态模型逐渐被应用于评估中（Solecki et al.，2005；Nelson et al.，2009；Villa et al.，2009；Sherrouse and Semmens，2012）。同时，随着遥感（RS）与地理信息系统（GIS）的发展，生态系统服务价值评估研究发生了革命性变化，拓宽了生态学家的研究思路（Ayanu et al.，2012；Galbraith et al.，2015；Abelleira Martínez et al.，2016；Paruelo et al.，2016）。

　　森林约占地球陆地面积的 1/3，是陆地生态系统中面积最大、最重要的自然生态系统。随着社会的发展和进步，人类对森林的思维模式和自身需求都有了很大变化，从人类最初认识的木材生产功能到如今森林的生态效益、社会效益和经济效益为人类生活提供林产品与多种服务（Harrison et al. 2010）。在欧洲，20 世纪 50 年代，德国最早提出了森林生态系统的多效益理论，随后欧美的一些国家（美国、瑞典等）也采用了这一理论，这一研究阶段称为森林的多效益价值理论阶段。Peters 等（1989）对亚马孙雨林的林副产品进行了评价研究。Tobias 等人（1991）从不同角度对热带雨林的生态效益进行了讨论，并为热带雨林的可持续发展提出建议。Adger 等（1995）的研究表明，墨西哥森林生态系统的服务功能总价值为 40 亿美元/a，单位面积森林生态系统服务功能价值为 80 美元/(hm²·a)。Groot（2002）计算出巴拿马单位面积森林的综合服务功能价值为 500 美元/(hm²·a)。Nahuelhual 等（2007）对智利的瓦尔迪维亚雨林的生态服务价值进行了研究。Bernard 等（2009）的研究结果表明哥斯达黎加的塔盘缇热带雨林的生态服务价值为 2500 万美元。随着生态系统服务研究的不断深入，一些研究已经开始关注森林生态系统服务的正负效应（Escobedo et al.，2011）。这些研究充分表明了国际社会对森林生态系统服务功能的评价非常重视。

　　草地生态系统服务功能的效益明显大于其直接的经济效益，而且表现为长期的持续性效益。对草地生态系统价值的研究，分析及估算草地生态系统的各种效益，尤其是对生态系统功能价值的评价，对制定合理的生态保护策略、恢复草地生态系统、合理开发利用草地资源具有重要意义，对维护地区社会稳定和国家生态安全具有现实意义。目前，国际上关于草地生态系统服务价值的研究不是很多，仅在全球尺度或区域尺度中有所体现。Sala 等（1997）对草地生态系统服务功能进行总结，详细阐述了草地在维持大气成分、改善气候、保育土壤和基因库这 4 个方面的功能，并对其进行了生态价值估算。Suttie 等（2005）基于草地生态系统的生产功能及保护研究方法，提出了关于草地生态系统服务功能的评价体系。Carolyn 等（2009）提出了生态系统保护与退化生态系统恢复的定量评价方法。以上研究对人类认识草地生态系统重要性及保护草地生态环境具有积极作用。

农田生态系统是人类社会存在和发展的基础，有着自然与社会的双重功能，一方面它要为人类的生存提供食物和燃料，另一方面它还给人类带来市场无法购买到的福利，比如涵养水源、调节大气等。国外有些学者对农田生态系统服务功能及其价值评估进行了研究，如 Bailey 等（1999）对 1992~1995 年集约农业和传统农业中某些生态系统服务功能进行比较研究。Wood 等（2000）对世界农业生态系统进行研究，结果表明 1997 年农业生态系统的粮食生产服务价值为 1.3 万亿美元，土壤盐碱化造成生产力下降的损失为 110 亿美元，全球 17%的灌溉耕地提供了全球 30%~40%的粮食，承担了全球碳储量的 18%~24%。Aizaki 等（2006）用条件价值法评估了日本农村地区农田的多种服务功能价值，包括防洪功能、地下水循环功能、涵养水源功能、水土保持功能、营养物质循环功能、景观欣赏功能、野生物种保护功能，得出一个家庭每年愿意为保护农田的生态服务功能支付 4144 日元。Dominati 等（2010）归纳了土壤自然资产产生的生态系统服务功能，包括：肥力作用、过滤和储存作用、结构作用、气候调节作用、生物多样性保护作用以及资源作用六大类。

湿地被称为"地球之肾"，是地球上具有多种独特功能的生态系统，它不仅为人类提供大量食物、原料和水资源，而且在维持生态平衡、保持生物多样性和珍稀物种资源以及涵养水源、蓄洪防旱、降解污染调节气候、补充地下水、控制土壤侵蚀等湿地方面均起到重要作用。湿地生态服务功能价值是指湿地生态系统通过直接或间接的方式为人类生存和社会发展提供的有形的或无形的资源的价值。20 世纪下半叶起，人们对湿地的认识日益深入，由于其对人类社会的重要性，学术界进行了大量的关于湿地的研究工作，积累了丰富的研究资料。Turner（1991）在对湿地的价值评价过程中，将其总价值分为使用价值和非使用价值两个大类，并对每一类价值的评估方法进行了论述。Constanza 等（1997）对全球生态系统功能的价值估算，这项研究为全球湿地生态评价提供了完整的可供参考的基础资料，研究表明湿地生态系统的全球总价值每年约为 48.8 亿美元，单位价值为 14 785 美元，对于不同的湿地类型其单位面积价值量也不尽相同，例如巴西的 Pantanalshi 热带季节性湿地面积为 13.8 万 km^2，经估算其年价值达 1 万美元/ km^2。

荒漠生态系统是整个生物圈中分布较广的一个生态系统类型，是陆地生态系统中的一个重要的子系统。国外对荒漠生态系统服务功能及其价值评估研究相对较少，Richardson（2005）通过对加利福尼亚沙漠的研究显示，自 1994~2004 年的沙漠保护以来，其十年间的娱乐价值、外延价值、科研价值、教育价值、生态系统服务和潜在价值 6 个方面的总价值每年约 13.3 亿美元。Kroeger 和 Manalo（2007）估算了美国莫哈韦沙漠的经济价值，从直接价值、间接价值和潜在价值三个方面计算得出为每年 14.2 亿美元。Berik 等（2007）估算美国犹他州沙漠生态系统的灌木和草地的生态服务功能为 44 亿美元。

1.2.2　生态系统服务功能国内研究概况

20 世纪 90 年代以后，我国才逐渐开始了有关生态系统服务功能的研究。这方面的研究虽然起步较晚，但其发展速度很快，尤其是近年来，随着人们对生存环境变化关注度的不断提高，生态系统服务功能及其价值的评估研究已引起了国内研究者的极大兴趣。李金昌和孔繁文（1991）对陆地生态系统特别是对森林生态系统的生态服务价值进行了开创性研究。欧阳志云等（1999）对中国陆地生态系统服务功能进行了评估和生态经济价值的分析。蒋延玲和周广胜（1999）估算了我国 38 种主要森林类型生态系统服务的总价值。陈仲新和张新时（2000）参照 Costanza 等对生态服务价值的研究方法，对全国各类生态系统的功能与效益进行了价值评估，估算出我国生态系统效益的价值为 7.8 万亿元/a，这一价值与全球相比仅占全球的 2.71%。毕晓丽和葛剑平（2004）基于国际地圈-生物圈计划（IGBP）土地覆盖对中国陆地生态系统服务功能评价为 40 690 亿元。王兵等（2011）对 2009 年全国及各省级行政区森林生态系统服务功能进行价值评估，结果表明：2009 年我国森林生态系统服务功能总价值为 10.01 万亿元，各项森林生态系统服务功能价值表现为涵养水源＞生物多样性保护＞固碳释氧＞保育土壤＞净化大气环境＞积累营养物质。

也有学者对不同区域的生态系统生态服务功能进行研究，薛达元等（1999）首次采用条件价值法对长白山地区生物多样性的存在价值进行了支付意愿调查。肖寒等（2000）探讨了海南岛尖峰岭热带森林生态系统服务功能的内涵，并结合该区生态系统特征及其生态过程，定量评价了尖峰岭地区热带森林生态系统服务功能价值，包括林产品生产、水源涵养、水土保持、二氧化碳固定、营养物循环、空气净化、病虫害控制等服务的生态经济价值。关文彬等（2002）对贡嘎山地区森林生态系统服务功能进行了价值评估。石培礼等（2002）估算了川西天然林生态服务功能的经济价值等。彭建等（2005）以深圳市为例，运用生态经济学原理与方法，阐释了生态系统调节气候、固碳释氧、保持土壤、水源涵养、净化环境和减弱噪声等生态服务功能，对其经济价值进行评估。孙龙等（2006）以崂山风景区为研究区域，使用市场价值、影子工程、替代花费等方法评价了崂山风景区森林生态系统服务功能的生态经济价值。周志强等（2011）开展了新疆奇台县沙漠前沿不同植被恢复模式的生态服务功能差异研究。喻露露等（2016）对海口市海岸生态系统服务及其时空变异特征进行了研究。

探讨不同类型生态系统服务功能及价值，对于深入理解不同类型生态系统服务功能特征及其差异具有重要意义。森林作为陆地生态系统的主体，在全球生态系统中发挥举足轻重的作用，其服务功能价值的评估是研究的一个热点。余新晓等（2005）根据全国第 5 次资源清查资料（1994~1998 年）及 Costanza 等人的计算方法估算了我国森林生态系统八项服务功能的总价值为 30 601.2 亿元/a，其中间接价值是直接经济价值的 14.94 倍；在我国森林生态系统中，单位面积各种森林生态系统所提供的年平均价值为 23 095.25 元/（hm^2·a）。白杨等（2011）根据生态系统服务功能的内涵，建立了森林生态系统服务功能评价指标体系，利用市场价值法、影子工程法和生产成本法等，定量评价了海河流域森林生态系统服务功能的经济价值。Zhao et al.（2012）建立了生态系统服务功能评价指标体系，对东北长白山三岔子林区的生态系统服务功能进行模拟计算，结果表明，2010 年研究区生态系统服务价值总量达到 26.78 亿美元，各项指标值依次为：涵养水源>固碳释氧>保育土壤>净化大气环境>营养物质积累。肖强等（2014）利用市场价值法和生产成本法等，定量评价重庆市森林生态系统服务功能的经济价值。

草地是我国陆地面积最大的生态系统类型，对维持我国自然生态系统格局、功能和过程具有特殊的生态意义，随着人类对草地生态系统服务功能不可替代性的深入认识，通过定量评估生态系统服务功能及其价值，对认识草地生态服务功能的重要性和生态资产增值具有重要的作用。赵同谦等（2004）选取侵蚀控制、截留降水、土壤碳累积、废弃物降解、营养物质循环和生境提供等 6 类功能对草地生态系统进行了评价，结果表明，草地生态系统除了为社会提供直接产品价值外，还具有巨大的间接使用价值，而且这种价值对人类的贡献与提供产品本身同样重要。龙瑞军（2007）对青藏高原草地生态系统服务功能进行了研究，认为该区域的生态系统服务功能体现在 3 个方面，即生态功能、生产功能和生活功能。赵萌莉等（2009）在研究了内蒙古草地生态系统的主要服务功能为草产品供应、水源涵养、气体调节、土壤保持、环境净化和生物多样性维持等的基础上，认为建立草地补偿机制，应考虑大气调节服务补偿、保护土壤服务补偿、净化环境服务补偿、水源涵养服务补偿、生物多样性维持服务补偿等，增强草原生态功能。李琳等（2016）以草地综合顺序分类法为理论基础，以能值分析法为主要计算方法，选择合适的 6 项评估指标，对 2001~2010 年三江源区草原生态系统生态服务价值进行逐项评估。

随着社会的发展，市场经济的步伐加快，粮食安全、环境问题与可持续发展成为当代中国必须面对和处理的问题。近年来，对于生态系统服务的研究为解决这些问题带来了新的机遇与挑战，有部分研究者认为，农田生态系统功能不仅仅单纯地为人类提供了粮食产品，更重要的是为该地区的环境创造了良好的生态服务功能。国内很多学者也从多方面对农田生态系统服务价值进行了研究,孙新章等(2007)采用生态经济学的方法,对中国农田生态系统的服务功能进行了价值化评估,结果表明,2003 年中国农田生态系统提供的总服务价值为 19 121.8 亿元(2003 年现价),黄淮海和长江中下游地区农田的生态服务功能价值较大,华南和长江中下游地区单位面积农田提供的服务价值较大。王美等(2014)以 2005 年数据为基准,对辽宁省农田防护林生态系统服务价值进行核算,结果表明:辽宁省农田防护林生态服务功能的总价值为 33.01 亿元。朱玉伟等(2015)运用市场价值法、影子价格法等,对新疆 2007 年和 2011 年农田防护林防风固沙服务功能价值进行了核算,结果表明,2007 年和 2011 年农田防护林防风固沙服务功能的总价值分别为 73.50 亿元和 128.08 亿元,防风固沙价值中起主要作用的是防护林的防护价值。

湿地退化已经成为全世界共同关注的问题,造成湿地退化的原因包括经济快速发展、全球气候变化、城市化进程加快等因素,其中人类扰动是造成湿地退化的主要因素之一。对湿地服务功能进行评价能够促进人们对湿地服务功能的正确认识,增强人们保护湿地的意识,同时为湿地的管理与利用服务。我国很多学者对湿地生态系统服务功能进行了研究,如陈仲新和张新时(2000)估算了中国湿地效益为 26 763.9 亿元/a。韩美等(2009)运用市场价值、费用支出、影子工程等方法分别估算各主导生态服务功能的价值,得到黄河三角洲湿地生态服务功能总价值 176.08 亿元,单位面积生态系统服务价值为 52 809 元/hm^2。敖长林等(2010)使用 CVM 计算得到三江平原湿地的非使用价值为 24.638 亿元/a。江波等(2011)结合海河流域湿地生态系统的特征、结构及过程,将海河流域湿地生态系统服务功能划分为提供产品功能、调节功能、支持功能及文化服务功能 4 大类,评价了2005 年海河流域湿地生态系统所提供的生态系统服务的总价值为 4123.66 亿元,其中间接使用价值是直接使用价值的 15.02 倍。

荒漠生态系统是整个生物圈中分布较广的一个系统,在我国广泛分布于西北干旱地区,其具有不同于其他生态系统的独特结构和功能。开展荒漠生态系统服务价值研究和评价,对荒漠生态系统重要性认识和管理具有重要的现实意义。肖生春等(2013)基于中国沙漠(地)生态系统的生态水文过程、水平衡机理和水文调控功能等,初步评估了中国荒漠生态系统在水文调控方面的服务价值为每年5510.05 亿元。任鸿昌等(2007)利用已有数据和补充调查数据,对西部地区荒漠生态系统进行综合性价值评估,结果表明,生态系统服务功能价值的货币表示为537.24 亿元/a,荒漠生态系统每年为人类提供的各种服务的总价值远远大于人们的想象,人们利用的物质产品仅仅是其生态系统服务功能中很小的一部分。刘博等(2015)基于能值理论对我国荒漠生态系统动物物种多样性保护价值进行核算,结果表明,我国荒漠生态系统具有巨大的动物物种多样性保护价值,总价值为 35.1 万亿元。综上研究结果表明:生态系统服务及自然资源对于人类生存的价值是巨大的，是人类生存与现代文明的基础，因此，维持与保护生态系统服务功能是实现可持续发展的基础。

我国是受荒漠化影响最严重的国家之一（慈龙骏等，2005）。青海高原高寒区是亚洲气候变化敏感区和启动区，也是全国乃至东南亚生态安全屏障，受到地理背景和气候条件影响，成为我国荒漠化和沙化土地主要分布且受荒漠化危害较为严重的地区之一（国家林业局，2015），作为青藏高原土地沙化程度最严重的地区，共和盆地在开展高寒干旱、半干旱土地沙化防治研究中具有典型且至关重要的地位。通过人工措施实现退化生态系统的植被恢复与重建，是防治荒漠化蔓延有效且稳定的举措（蒋德明等，2008），自 20 世纪 60 年代起，在青海省治沙试验站开展了大量退化土地植被恢复与重建技术研究，先后营建了不同类型的防风固沙林体系，生态效益显著，通过系统研究不同防护林类型生态系统服务功能，综合评估防护林生态建设成效，为防护林经营管理以及生态工程建设提供重要理论依据和技术支撑。

主要参考文献

敖长林, 李一军, 冯磊, 等. 2010. 基于 CVM 的三江平原湿地非使用价值评价. 生态学报, 30(23): 6470-6477.

白杨, 欧阳志云, 郑华, 等. 2011. 海河流域森林生态系统服务功能评估. 生态学报, 31(7): 2029-2039.

毕晓丽, 葛剑平. 2004. 基于 IGBP 土地覆盖类型的中国陆地生态系统服务功能价值评估. 山地学报, 22(1): 48-53.

陈仲新, 张新时. 2000. 中国生态系统效益的价值. 科学通报, 45(1): 17-22.

慈龙骏等. 2005. 中国的荒漠化及其防治. 北京: 高等教育出版社.

董全. 1999. 生态功益: 自然生态过程对人类的贡献. 应用生态学报, 10(2): 233-240.

关文彬, 王自力, 陈建成, 等. 2002. 贡嘎山地区森林生态系统服务功能价值评估. 北京林业大学学报, 24(4): 80-84.

国家林业局. 2015. 中国荒漠化和沙化状况公报.

韩美, 张晓慧. 2009. 黄河三角洲湿地主导生态服务功能价值估算. 中国人口·资源与环境, 19(6): 37-43.

江波, 欧阳志云, 苗鸿, 等. 2011. 海河流域湿地生态系统服务功能价值评价. 生态学报, 31(8): 2236-2244.

蒋德明, 曹成有, 李雪华, 等. 2008. 科尔沁沙地植被恢复及其对土壤的改良效应. 生态环境, 17(3): 1135-1139.

蒋延玲, 周广胜. 1999. 中国主要森林生态系统公益的评估. 植物生态学报, 23(5): 426-432.

李金昌, 孔繁文. 1991. 资源统计与可持续发展. 北京: 中国环境出版社.

李琳, 林慧龙, 高雅. 2016. 三江源草原生态系统生态服务价值的能值评价. 草业学报, 25(6): 34-41.

刘博, 张宇清, 吴斌, 等. 2015. 我国荒漠生态系统动物物种多样性保护价值估算. 中国水土保持科学, 13(2): 92-98.

龙瑞军. 2007. 青藏高原草地生态系统之服务功能. Science & Technology Review, 25(9): 26-28.

欧阳志云, 王如松, 赵景柱. 1999. 生态系统服务功能及其生态经济价值评价. 应用生态报, 10(5): 635-640.

彭建, 王仰麟, 陈燕飞, 等. 2005. 城市生态系统服务功能价值评估初探——以深圳市为例. 北京大学学报, 41(4): 594-604.

任鸿昌, 孙景梅, 祝令辉, 等. 2007. 西部地区荒漠生态系统服务功能价值评估. 林业资源管理, 1(6): 67-69.

石培礼, 李文华, 何维明, 等. 2002. 川西天然林生态服务功能的经济价值. 山地学报, 20(1): 75-79.

孙龙, 李俊涛, 耿叙武, 等. 2006. 崂山风景区森林生态系统服务功能及价值评估. 防护林科技, (3): 93-95.

王兵, 任晓旭, 胡文. 2011. 中国森林生态系统服务功能及其价值评估. 林业科学, 47(2): 145-153.

王美, 张君, 高大鹏, 等. 2014. 辽宁省农田防护林生态系统服务功能价值核算. 东北林业大学学报, 42(1): 86-89.

肖寒, 欧阳志云, 赵景柱, 等. 2000. 森林生态系统服务功能及其生态经济价值评估初探——以海南岛尖峰岭热带森林为例. 应用生态学报, 11(4): 481-484.

肖强, 肖洋, 欧阳志云, 等. 2014. 重庆市森林生态系统服务功能价值评估. 生态学报, 34(1): 216-223.

肖生春, 肖洪浪, 卢琦, 等. 2013. 中国沙漠(地)生态系统水文调控功能及其服务价值评估. 中国沙漠, 33(5): 1568-1576.

谢高地, 鲁春霞, 成升魁. 2001. 全球生态系统服务价值评估研究进展. 资源科学, 23(6): 9-13.

薛达元, 包浩生, 李文华. 1999. 长白山自然保护区森林生态系统间接经济价值评估. 中国环境科学, (3): 247-252.

余新晓, 鲁绍伟, 靳芳, 等. 2005. 中国森林生态系统服务功能价值评估. 生态学报, 25(8): 2096-2102.

喻露露, 张晓祥, 李杨帆, 等. 2016. 海口市海岸带生态系统服务及其时空变异. 生态学报, 36(8): 2431-2441.

张永利, 杨锋伟, 王兵, 等. 2010. 中国森林生态系统服务功能研究. 北京: 科学出版社.

赵萌莉, 韩冰, 红梅, 等. 2009. 内蒙古草地生态系统服务功能与生态补偿. 中国草地学报, 31(2): 10-13.

赵同谦, 欧阳志云, 贾良清. 2004. 中国草地生态系统服务功能间接价值评价. 生态学报, 24(6): 11-20.

周志强, 黎明, 侯建国, 等. 2011. 沙漠前沿不同植被恢复模式的生态服务功能差异. 生态学报, 31(10): 2797-2804.

朱玉伟, 桑八叶, 王永红, 等. 2015. 新疆农田防护林防风固沙服务功能价值核算. 中国农学通报, 31(22): 7-12.

Abelleira Martínez O J, Fremier A K, Günter S, et al. 2016. Scaling up functional traits for ecosystem services with remote sensing: concepts and methods. Ecology and Evolution, 6(13): 4359-4371.

Adger W N, Brown K, Moran D. 1995. Total Economic Value of Forests in Mexico. Ambio, 24(5): 286-296.

Aizaki H, Sato K, Osari H. 2006. Contingent valuation approach in measuring the multifunctionality of agriculture and rural areas in Japan. Paddy & Water Environment, 4(4): 217-222.

Ayanu Y Z, Conrad C, Nauss T, et al. 2012. Quantifying and mapping ecosystem services supplies and demands: a review of remote sensing applications. Environmental science & technology, 46(16): 8529-8541.

Bailey A P, Rehman T, Park J, et al. 1999. Towards a method for the economic evaluation of environmental indicators for UK integrated arable farming systems. Agriculture, Ecosystems & Environment, 72(2): 145-158.

Berik, G. 2007. Gender, China, and the WTO - special issue of Feminst Economics. Feminist Economics, 13(3–4).

Bernard F, Groot R S D, Campos J J. 2009. Valuation of tropical forest services and mechanisms to finance their conservation and sustainable use: a case study of Tapantí National Park, Costa Rica. Forest Policy & Economics, 11(3): 174-183.

Boumans R, Costanza R, Farley J, et al. 2002. Modeling the dynamics of the integrated earth system and the value of global ecosystem services using the GUMBO model. Ecological Economics, 41: 529-560.

Cairns J. 1997. Protecting the delivery of ecosystem service. Ecosys. Health, 3(3): 185-194.

Costanza R, D'Arge R, De Groot R, et al. 1997. The value of the world's ecosystem services and natural capital. Nature, 387: 253-260.

Daily G C. 1997. Nature's Service: Societal Dependence on Natural Ecosystem. Washington DC: Island Press.

Dominati E, Patterson M, Mackay A. 2010. A framework for classifying and quantifying the natural capital and ecosystem services of soils. Ecological Economics, 69(9): 1858-1868.

Ehrlich P R, Ehrlich A H. 1981. Extinction: the causes and consequences of the disappearance of species. New York: Random House.

Escobedo F J, Kroeger T, Wagner J E. 2011. Urban forests and pollution mitigation: Analyzing ecosystem services and disservices. Environmental Pollution, 159(8): 2078-2087.

Galbraith S M, Vierling L A, Bosque-Pérez N A. 2015. Remote sensing and ecosystem services: current status and future opportunities for the study of bees and pollination-related services. Current Forestry Reports, 1(4): 261- 274.

Goot R S, Wilson M A, Boumans R M J. 2002. A typology for the classification, description and valuation of ecosystem functions, goods and services. Ecological Economics, 41(3): 393-408.

Harrison P A, Vandewalle M, Sykes M T, et al. 2010. Identifying and prioritising services in European terrestrial and freshwater ecosystems. Biodiversity & Conservation, 19(10): 2791-2821.

Holdren J, Ehrlich P. 1974. Human population and the global environment. Amer Sci, 62: 282-292.

Howarth R B, Farber S. 2002. Accounting for the value of ecosystem services. Ecological Economics, 41: 421-429.

Kroeger T, Manalo P. 2007. Economic benefits provided by natural lands: case study of California's Mojave Desert. Defenders of Wildlife report.

Malmstrom C M, Butterfield H S, Barber C, et al. 2009. Using Remote Sensing to Evaluate the Influence of Grassland Restoration Activities on Ecosystem Forage Provisioning Services. Restoration Ecology, 17(4): 526-538.

Millennium Ecosystem Assessment. 2005. Ecosystems and Human Well-being: Synthesis. Physics Teacher, 34(9): 534.

Nahuelhual L, Donoso P, Lara A, et al. 2007. Valuating ecosystem services of Chilean temperate rainforests. Environment Development & Sustainability, 9(4): 481-499.

Nelson E, Mendoza G, Regetz J, et al. 2009. Modeling multiple ecosystem services, biodiversity conservation, commodity production, and tradeoffs at landscape scales. Frontiers in Ecology and the Environment, 7: 4-11.

Paruelo J M, Texeira M, Staiano L, et al. 2016. An integrative index of ecosystem services provision based on remotely sensed data. Ecological Indicators, 71: 145-154.

Peters C M, Gentry A H, Mendelsohn R O. 1989. Valuation of an Amazonian rainforest. Nature, 339(6227): 655-656.

Pimentel D. 1998. Economic benefits of natural biota. Ecol Econ, 25: 45-47.

Richardson R B. 2005. The economic benefits of California desert wildlands 10 years since the California desert protection act of 1994.The wilderness society.

Sala O E, Paruelo J M, Daily G C. 1997. Ecosystem services in grasslands. Natures Services Societal Dependence on Natural Ecosystems, 237-252.

Sherrouse B C, Semmens D J. 2012. Social values for ecosystem services (SolVES): Documentation and user manual, version 2.0. Virginia: Geological Survey Open-File Report 2012-1023.

Solecki W D, Rosenweig C, Parshall L, et al. 2005. Mitigation of the heat island in urban New Jersey. Environmental Hazards, 6: 39-49.

Suttie J M, Reynolds S G, Batello C, et al. 2005. Grasslands of the world. Food & Agriculture Org.

Tobias D, Mendelsohn R. 1991. Valuing ecotourism in a tropical rain-forest reserve. Ambio, 20(2): 91-93.

Turner K. 1991. Economics and Wetland Management. Ambio, 20(2): 59-63.

Villa F, Ceroni M, Bagstad K, et al. 2009. ARIES (Artificial Intelligence for Ecosystem Services): A new tool for ecosystem services assessment, planning, and valuation. BioEcon, 5: 1-10.

Wood S, Sebastian K, Scherr S J. 2000. Pilot analysis of global ecosystems: Agroecosystems, A joint study by International Food Policy Research Institute and World Resources Institute. Washington, D.C.

Zhao W, Fang X, Wei Y, et al. 2012. Evaluation on the Forest Ecosystem Service Function Value. Advances in Information Sciences & Service Sciences, 4(22): 495-502.

第 2 章　共和盆地沙漠化土地研究进展

2.1　共和盆地沙漠化土地主要研究进展

共和盆地是黄河上游土地沙漠化严重地区，属于全国生态环境重点建设草原区，其生态环境演变直接影响着青海湖流域畜牧业的可持续发展。共和盆地沙漠化土地主要分布在塔拉滩及黄河以南的木格滩地区，以流动沙丘和半固定沙丘为主（董光荣等，1993）。

20 世纪 50 年代以来，共和盆地年平均气温、最高气温、最低气温均呈极显著的增温，且上升趋势具有较强的一致性，各月气温也均呈增温趋势，年、秋、冬季平均气温增温更为显著，共和盆地年平均气温均在 1987 年出现了突变，但较北部的突变早（杨发源等，2013；赵久渊等，2017）。降水量总体上呈微弱增多趋势，年降水量和春、夏、冬季降水量呈增加趋势，而秋季则呈减少趋势，降水量呈增加趋势南部大于北部，但整个盆地降水增加或减少的变化趋势不十分突出，仍维持暖干状态（杨发源等，2013；许正福和郭连云，2016）。地表蒸散量除秋季以微弱趋势增加外，年和其余季节均以微弱减少趋势为主，年和四季共和盆地表蒸散量变化不突出。盆地北部仍以暖干化趋势为主，南部气候向暖湿化转变的趋势，年、春季、冬季蒸散量分别在 1961~1983 年、1962~1983 年、1962~1984 年间发生突变（杨发源等，2013）。

20 世纪 50 年代至 90 年代间，青海高寒区的荒漠化土地年平均扩大 13.4 万 hm^2，年增速率为 2.2%，已成为青海非常突出的生态环境问题（杨红文等，1997）。共和 1987~2002 年土地沙化与土地覆盖变化的监测表明共和县土地覆盖类型依据面积大小排序依次为草地、水体、沙地、盐渍化土地、农田和居民点（白黎娜等，2006）。1990~2010 年间，共和盆地沙漠化土地以正在发展中沙漠化土地、强烈发展中沙漠化土地、严重沙漠化土地为主，从空间分布上土地沙漠化最严重的区域分布在龙羊峡库区周围的木格滩、河卡滩、塔拉滩。1990 年到 2000 年沙漠化土地总面积增加 $3.78km^2$，年均增加 $0.38km^2$，2000 年到 2010 年沙漠化土地面积增加 $57.13km^2$，年均增加 $5.31km^2$，总体来看沙漠化土地面积呈增加趋势（马玉军等，2016）。

杨世琦等（2005）选取共和盆地 1953~2004 年共 52 年的农牧业人口数量、牲畜数量、耕地面积、降水量和大风日数 5 个因素进行分析，结果表明共和盆地沙漠化主要是由农牧业人口数量、牲畜数量和耕地面积增加引起的。张东杰（2010）

对共和盆地 50 年来草地荒漠化驱动因素运用因子分析法进行定量研究,结果说明人类活动对共和盆地生态环境的影响大于自然因素,是影响共和盆地草地荒漠化的主体因素。钟玲等(2010)对环青海湖地区共和盆地 1961~2007 年间土地荒漠化过程中自然与人为要素作用强度进行了量化分析,结果也表明,人为因素是导致土地沙漠化的主要作用力,在荒漠化发展过程中,人为因素对土地沙漠化的作用力是持续增加的,贡献率为 46.82%;自然因素是处于一种平稳的变化趋势,贡献率仅 11.96%,自然与人为因素共同作用的贡献率为 29.74%。孙建光等(2004,2005)研究也表明,研究期内共和盆地的气候干燥和荒漠化不是由于降雨量减少直接造成,依据年降雨量的空间分布,共和盆地的两个沙带(沙珠玉-塔拉滩和木格滩)的年降雨量分别为 250~300mm 和 300~400mm,所以降雨并非牧草生长的主要限制因子。生物量和载畜量调查结果显示,过牧不仅使共和盆地草地退化,且使草地生境不断恶化,荒漠化程度加剧,因此过牧可能是共和盆地近 50 年荒漠化加剧的主要原因之一(孙建光等,2006)。荒漠化发展伴随着土壤性质的退化,同时也会导致植被结构和功能的退化,随着荒漠化的发展,群落组成从简单趋于复杂再到简单,群落盖度逐渐减小,生物量逐渐减小,土壤 0~20 cm,20~40 cm 层有机质和全氮含量逐渐减小,粒度组成也发生明显变化(魏婷婷和吴波,2011)。

通过封沙育草、丘间造林和沙障等措施,能够启动高寒流动沙地的植被恢复过程,有效提高植被盖度(杨洪晓等,2006)。在干旱区,水分是限制植物生理过程和生态适应性的主要因子,王薇等(2005)建立了共和盆地水资源承载力模型,为进一步进行共和盆地水资源承载力的定量研究提供了必要的手段。刘丽颖等(2012a)对青海共和盆地不同林龄乌柳林的水分利用策略进行了研究,刘海涛等(2012a,b)对不同林龄乌柳的水分生理特性、叶性状以及光合特性进行了研究,结果表明不同生长阶段乌柳的生态适应对策不同。Jia 等(2012)对共和盆地植被恢复区典型植被中间锦鸡儿水分利用效率进行了研究,发现不同林龄中间锦鸡儿水分利用效率和水势存在显著差异。还有学者研究了共和盆地沙地种子量分布规律(魏登贤,2007)、草地变化(冯益明等,2008)、土壤侵蚀状况(马玉凤等,2010)、土壤盐分遥感反演(翁永玲等,2010)、气候变化和载畜量对共和盆地天然草地牧草产量的影响(钟玲和孙瑛,2010)、海拔对植物叶片性状及生物量的影响(李永华等,2010)、植物群落组成与多样性(刘海涛等,2015;王学全等,2015;于洋等,2016;尹书乐等,2016)、典型人工林根系分布特征(刘丽颖等,2012b)以及林下土壤特性变化(李清雪等,2015,2017)等方面内容,为区域退化土地植被恢复与重建提供重要理论支撑。

综上所述,针对共和盆地的相关研究大都围绕土地沙化与荒漠化发展及成因、植物与环境关系以及土地覆盖动态变化监测等方面,植被恢复与重建后,缺乏植被生态服务功能方面的系统研究。本专著基于大量多年实测数据,系统研究了各典型防护林的生态服务功能,为实现更加全面系统地评价生态林业工程建设成效提供支撑，为促进区域生态林业工程建设提供理论依据。

2.2 共和盆地土地沙漠化主要防治措施

共和盆地沙珠玉地区是青海高原沙地集中分布区之一，1958 年青海省林业厅在这里建立了青海省治沙试验站。在研究共和盆地沙珠玉 50 年来防沙治沙成效的基础上，结合青海湖盆地、柴达木盆地、公路和铁路等防沙治沙试验研究，筛选出综合防沙治沙技术措施。对共和盆地的沙漠化土地进行治理，采取封沙育草（林）、工程防治、植物防治、工程与植物相结合的防沙治沙措施，根据不同立地条件选择不同防治措施。其中，工程防治措施和植物防治措施是流动沙丘固定的两种主要方法。工程防治措施快速固定流动沙丘，效率高，速度快，但是随着时间的推移，机械沙障抗风蚀能力逐渐减弱，需要随时补修。植物防治措施固定流动沙丘，一旦在流动沙丘上成活并快速生长，能发挥长久的固定流动沙丘的作用，但是在植物栽植的初期阶段，由于新植苗木幼嫩，抗风蚀沙埋能力差，难以保证新植苗木不被风蚀或沙埋。因此，流动沙丘快速固定的最佳模式就是工程防治措施和植物防治措施相结合的综合措施。

2.2.1 工程防治措施

沙珠玉地区的工程防治措施主要有黏土沙障、沙蒿沙障和乌柳、柽柳柳条沙障。根据沙丘的不同情况，选择不同的机械沙障。如在沙丘的附近土层深厚的地方，可对该沙丘设置黏土沙障固定。如果沙丘坡度较陡，而且非常高大，就应当选择沙蒿沙障或柳条沙障。设置沙障的原则是效益优先、就地取材、投资少、见效快。因此要根据实际情况进行综合效益分析比较，选择沙障模式。

2.2.1.1 黏土沙障措施

黏土沙障或隐蔽式紧密沙障的间距，主要是根据固沙造林的需要而确定的。这种沙障的特点是沙障设置后，经过大风的吹蚀，沙障两侧积沙，中间被风蚀，障间形成稳定低洼的凹形沙面，稳定后的障间凹面深度为障间距离的 1/12~1/10。从固沙作用看，黏土沙障的间距不宜过大，否则障间凹陷过深，容易使沙障遭到掏蚀。为了便于在障间种植固沙植物，障间沙面的中部不堆积干沙，通常黏土沙障的间距为 1~4m，沙障的高度为 15~25cm，设成行列式沙障，也可设置成正方形或长方形格状沙障（附图 2.1）。

根据青海省治沙试验站 40 多年的经验，先在流动沙丘迎风坡下部 1/3~2/3 部位设置沙障，经过一个风季吹蚀后，该部位的流沙基本被固定，由于经过迎风坡的风沙流不饱和，沙丘顶部的流沙不断遭到风蚀，从而使丘顶拉平降低。然后在被削平的顶部和背风坡继续设置沙障。黏土沙障是一种不透风的沙障。正确确定土埂的走向是保障黏土沙障质量及作用的关键。一般情况下，主埂方向与主风方向垂直或夹角呈 80°~90°均可。在规划设计中，根据地貌形态、风向及风力大小等因子综合考虑，沙障间距为沙障高度的 7~15 倍时固沙效果较好。本地区春季气候寒冷，土壤冻结期长，因此每年的 5~7 月是黏土沙障施工的较佳时期。

2.2.1.2　乌柳柳条沙障措施

沙珠玉经过 50 多年的治沙造林，建立了大面积的乌柳林，为本地区设置柳条沙障提供了丰富的沙障材料。柳条由于较黏土轻，材料的搬运过程省时省力，可用于对较高大沙丘进行全面快速固定治理，也可以进行多年的分期治理。虽然从价格上来看，黏土沙障和柳条沙障相差不大，但柳条沙障的设置要更快捷一些。柳条沙障与黏土沙障的不同之处在于柳条沙障是透风阻沙屏障，沙质地表更易趋向于稳定。如果在早春设置的柳条沙障正巧遇到春季多雨天气，死沙障有可能成为活沙障。在春季采剪乌柳枝条或造林剪裁剩下的柳梢，开沟栽植埋沙踏实，沙障高度一般 20~30cm。沙障设置成行列式或格状，格状沙障固沙效果更明显，见附图 2.2 乌柳柳条行列式沙障内直播柠条。

2.2.1.3　草方格沙障措施

采用草方格沙障可将流动沙丘一次性固定。沙障的布设方法是在沙丘迎风坡或强风蚀地段，采用 1m×1m、1m×1.5m、1.5m×1.5m 方格密度；在沙丘背风坡或丘间地可采用 2m×2m 或 3m×3m 方格密度。这样设置的草方格沙障更经济实用，固定治理的速度也更快，适合于中小型沙丘，见附图 2.3。

2.2.2　植物防治措施

工程治沙是在一些急需治理的流沙地区采取的措施，或者是植物防沙治沙的先期辅助手段，是治表措施，植物防沙治沙才是治本的措施。只有将工程治沙和植物治沙相结合，才能达到完全防治的目标。植物治沙主要有封沙育林育草恢复天然植被和种植植物建立人工植被。植物固沙包括直播造林、植苗造林、扦插造林、压条造林及飞播造林等技术措施。

2.2.2.1　封沙育林育草措施

封沙育草是对大面积的沙漠化土地实行封育，停止对现有林草植被的破坏和掠夺式利用，使稀疏植被得以保护恢复，同时也可充分利用和发挥生态环境的自我恢复与调节能力，解除外部营力的压力，然后积极创造条件，进行人为干预，如灌溉、播种造林等，促进植物的再生与沙漠化逆转，防止发生新的土地沙漠化，保护沙生植被，见附图 2.4。

在沙珠玉进行的封沙育草，当年植被覆盖率就明显增大，主要有芨芨草、沙蒿和赖草等。封禁后，当年在雨季播种柠条，出苗率达 80%左右，翌年高生长 15cm，增加了植被盖度。实践证明，封沙育林育草是保护天然植被及防风固沙投资少、见效快的有效治理措施。

2.2.2.2 柠条沙蒿直播造林措施

直播造林是治理流动沙丘和丘间低地的主要技术措施。流动沙丘设置人工机械沙障可以起到立竿见影之效，但它只是一项临时应急措施，必须同植物固沙相结合，才能达到永久固定沙丘的目的。在设有沙障保护的沙丘上进行直播造林是沙珠玉的流沙治理模式，见附图 2.5~图 2.7。

由于流动沙丘干沙层厚，沙地贫瘠，沙面温度变化剧烈，虽然有人工沙障保护，但也非一般植物所能固定，只有沙生旱生植物才能顺利生长。好的固沙植物应具备生长迅速、根系发达、冠幅大、易繁殖、易成活、易获得种源、耐风蚀、耐沙埋、耐干热和耐寒等特点，这些特点可作为选择植物种的重要依据。在沙珠玉地区，在设有沙障保护的沙丘上进行直播造林已有 40 多年的成功实践经验。该区适于沙丘上直播造林并可用于生产的植物种有：小叶锦鸡儿、中间锦鸡儿和柠条锦鸡儿，这些植物耐干旱、贫瘠，耐风蚀、沙埋，适应性强，在有沙障保护下的沙丘上各部位均可正常生长，根系发达，纵横交错，固沙能力强，根部有根瘤菌，可提高沙地肥力，并可繁殖种子，扩大面积。沙蒿是分布最广的乡土植物，它的根系发达，生长迅速，耐风蚀、沙埋，适应性强，枝细而密集，具有较强防风阻沙能力，是优良的先锋固沙植物种。沙蒿在沙珠玉地区有 2000hm² 的天然分布区，1hm² 可采集种子 7.5kg，种源丰富，可供当地造林治沙利用。

直播造林以每年 5~6 月第一次透雨之后抢墒播种效果最好，此时本地区风季已过，雨季即将来临，气温和地温稳定回升，有利于种子萌发和幼苗生长。柠条种子播前浸泡一昼夜，可提早发芽出土，出苗整齐。多年的直播造林实践表明，小叶锦鸡儿在沙丘上以 1500 株/hm²，丘间地以 1500~3000 株/hm² 的造林密度是比较适宜的，沙蒿以 1500 株/hm² 的造林密度比较适宜。

2.2.2.3 杨树乌柳高杆深栽抗旱造林措施

共和盆地沙区高杆深栽造林治沙采用的主要树种为杨树和乌柳。杨树插穗的树种是小叶杨，为本地区河岸林的主要乡土树种之一。乌柳在青海的各林区均有分布，是一种适应性非常强的天然柳树树种，根据立地条件，成长为乔木或灌木。在春季的 4~5 月，采用小叶杨和乌柳高杆插穗进行造林，杨树插穗长 1.2m，粗 3cm左右，深栽 1.1m，在丘间地栽植，每年有季节性的 1~2 次浸水灌溉。杨树插穗的处理是在每年的初春进行水浸 20 天，直浸到插穗基部出现"白泡"时开始造林，造林密度 2m×2m。乌柳插穗一般长 1.2m，粗 3cm，在沙丘沙地进行 80cm 深栽造林，见附图 2.8。小叶杨栽植在丘间地的成活率较高，乌柳在沙丘和丘间地均可栽植（张登山等，2009）。

主要参考文献

白黎娜, 李增元, 高志海, 等. 2006. 青海省共和县土地沙化与土地覆盖变化遥感监测研究. 水土保持学报, 20(1): 131-134.

董光荣, 高尚玉, 金炯, 等. 1993. 青海共和盆地土地沙漠化与防治途径. 北京: 科学出版社.

封建民, 李晓华. 2010. 近 15 年来共和盆地土地沙质荒漠化动态变化及原因分析. 水土保持研究, 17(5): 129-133.

冯益明, 卢琦, 王学全, 等. 2008. 30a 来共和盆地贵南县草地时空变化分析. 中国沙漠, 28(2): 212-217.

李永华, 王学全, 罗天祥, 等. 2010. 青海共和盆地草地叶面积指数与生物量随海拔梯度变化的规律. 安徽农业科学, (25): 13989-13992.

刘海涛, 贾志清, 颜守保. 2015. 高寒沙地不同林龄乌柳林下植物物种多样性. 安徽农业大学学报, 42(5): 761-768.

刘海涛, 贾志清, 朱雅娟, 等. 2012a. 林龄对高寒沙地乌柳光合特性的影响. 东北林业大学学报, 40(12): 20-26.

刘海涛. 2012b. 高寒沙地不同林龄乌柳的水分生理特性及叶性状. 应用生态学报, 23(9): 2370-2376.

刘丽颖, 贾志清, 朱雅娟, 等. 2012b. 共和盆地中间锦鸡儿人工林根系的分布特征. 中国沙漠, 32(6): 1626-1631.

刘丽颖, 贾志清, 朱雅娟, 等. 2012a. 青海共和盆地不同林龄乌柳林的水分利用策略. 林业科学研究, 25(5): 597-603.

马玉凤, 严平, 时云莹, 等. 2010. 三维激光扫描仪在土壤侵蚀监测中的应用——以青海省共和盆地威连滩冲沟监测为例. 水土保持通报, 30(2): 177-179.

马玉军, 沙占江, 陈学俭, 等. 2016. 青海省共和盆地 20 年来沙漠化土地变化. 干旱区资源与环境, 30(2): 176-181.

孙建光, 李保国, 卢琦. 2005. 青海共和盆地草地生产力模拟及其影响因素分析. 资源科学, 27(4): 44-51.

孙建光, 李保国, 卢琦. 2006. 青海共和盆地封育季节草场生物量、种群与生境变化. 中国生态农业学报, 14(3): 25-27.

孙建光, 李保国, 卢琦. 2004. 青海共和盆地水分的时空变化及其荒漠化成因分析. 资源科学, 26(6): 55-61.

王薇, 雷学东, 余新晓, 等. 2005. 基于 SD 模型的水资源承载力计算理论研究——以青海共和盆地水资源承载力研究为例. 水资源与水工程学报, 16(3): 11-15.

王学全, 尹书乐, 杨占武, 等. 2015. 共和盆地塔拉滩不同类型草地群落组成与土壤特性. 林业科学研究, 28(3): 346-351.

魏登贤. 2007. 共和盆地沙珠玉地区不同沙地种子量分布规律研究. 青海农林科技, (3): 64-65.

魏婷婷, 吴波. 2011. 共和盆地沙质荒漠化过程植被群落特征变化. 生态环境学报, 20(12): 1788-1793.

翁永玲, 戚浩平, 方洪宾, 等. 2010. 基于 PLSR 方法的青海茶卡-共和盆地土壤盐分高光谱遥感反演. 土壤学报, (6): 1255-1263.

许正福, 郭连云. 2016. 共和盆地贵南地区近 50 年降水特征及变化规律. 中国农学通报, 32(15): 144-149.

杨发源, 戴升, 张焕萍. 2013. 53 年来共和盆地气候变化特征及其突变研究. 青海气象, (4): 7-13.

杨红文, 张登山, 张永秀. 1997. 青海高寒区土地荒漠化及其防治. 中国沙漠, 17(2): 185-188.

杨洪晓, 卢琦, 吴波, 等. 2006. 青海共和盆地沙化土地生态修复效果的研究. 中国水土保持科学, 4(2): 7-12.

杨世琦, 高旺盛, 隋鹏, 等. 2005. 共和盆地土地沙漠化因素定量研究. 生态学报, 25(12): 3181-3187.

尹书乐, 王学全. 2016. 共和盆地不同人工灌木群落生态特性分析. 中南林业科技大学学报, 36(7): 31-35.

于洋, 贾志清, 刘艳书, 等. 2016. 青海共和盆地植被恢复区主要植物群落物种组成与多样性. 中南林业科技大学学报, 36(3): 18-22.

张东杰. 2010. 共和盆地近 50 年来草地荒漠化驱动因素定量研究. 水土保持研究, 17(4): 166-169.

赵久渊, 聂永喜, 买永瑞, 等. 2017. 青海共和盆地贵南地区气温变化特征分析. 安徽农业科学, 45(23): 161-164.

钟玲, 孙瑛, 公保才让. 2010. 共和盆地土地沙化过程中自然与人为因素的定量分析. 中国草食动物科学, 30(1): 63-68.

钟玲, 孙瑛. 2010. 净第一性生产力模型在环青海湖牧区共和盆地草原区的应用分析. 中国草食动物, (2): 44-46.

Jia Z, Zhu Y, Liu L. 2012. Different water use strategies of juvenile and adult *Caragana intermedia* plantations in the Gonghe Basin, Tibet Plateau. Plos One, 7(9): e45902.

Li Q, Jia Z, Liu T, et al. 2017. Effects of different plantation types on soil properties after vegetation restoration in an alpine sandy land on the Tibetan Plateau, China. Journal of Arid Land, 9(2): 200-209.

Li Q, Jia Z, Zhu Y, et al. 2015. Spatial Heterogeneity of Soil Nutrients after the Establishment of *Caragana intermedia* Plantation on Sand Dunes in Alpine Sandy Land of the Tibet Plateau. Plos One, 10(5): e0124456.

第3章 研究区自然环境特征

3.1 地 理 位 置

研究区位于青藏高原东北边缘的祁连山、昆仑山和秦岭之间，地理坐标为98°46′E~101°22′E 和 35°27′N~36°56′N，东邻秦岭山系的西倾山，南部和西南部为昆仑山系的河卡山、鄂拉山及哇洪山，北隔祁连山系的青海南山与青海湖相望，东北为祁连山系余脉的瓦里贡山、拉脊山和日月山。研究区海拔自西北向东南逐渐降低，至最低处龙羊峡的黄河水面，海拔仅 2400m（董光荣等，1993）。沙珠玉地区位于研究区的中西部，是本书研究的重点区。

3.2 气 候

研究区所处经度、纬度和海拔，以及东南部低洼闭塞和西北部高亢开口的地势，决定了其总体为高寒干旱、半干旱气候。其主要特点为气温较低，冷热剧变；降水量少，变率大；蒸发量大，干燥度高；风频高，风力大。该区多年平均气温为 3.5℃，无霜期为 91 天，日照时数 2770h。降雨稀少，蒸发强烈，多年平均降雨量为 320mm 左右，降雨在年内分布极不均匀，主要集中在夏季（6~8 月），气候干燥，年均潜在蒸发量高达 1800mm 左右。该地区风力强劲，多西北风和西风，最大风速高达 40m/s，多年平均风速为 2.7m/s，年沙尘暴天气发生日数高达 20 天。

3.3 水 文

研究区的水资源分地表水和地下水两类。地表水包括内陆沙珠玉河和外流黄河两大水系。外流水系有黄河及其主要支流恰卜恰河、茫拉河和沙沟河等。内陆水系主要有沙珠玉河及其支流瓦洪河、大水河与切吉河等。除黄河外，这些河流均发源于盆地附近山地和沼泽地区，主要依靠降雨、冰雪水（包括积雪、河冰和冻土）、泉水、沼泽补给。河流短，集水面积少，又多数流经第三纪、第四纪松散沉积物，特别是风成砂和黄土地区，沿途渗漏、蒸发大，因而多年平均流量小，输沙量较高。区内地下水分为第四系松散岩类孔隙水、第三系碎屑岩类孔隙裂隙水、基岩裂隙水和冻结层水等类型。该区无论是地表水还是地下水，主要集中于山区。同时，地表水受盆地中深厚、松散的第四纪沉积物，特别是边缘几条深大的隐伏断裂构造线的影响，大多出山后即潜伏地下，致使盆地除河湖水体以外的广大地区缺乏地表水源。

3.4 土 壤

研究区的土壤类型分为地带性土壤和非地带性土壤。地带性土壤又分为栗钙土和棕钙土。其中栗钙土是温带半干旱地区分布最广泛的一个土种，是该地区地带性土壤的代表，包括暗栗钙土、栗钙土、淡栗钙土、旱作栗钙土和灌溉栗钙土等5种，主要分布于沙珠玉乡、三塔拉、恰卜恰、塘格木、木格滩、河卡滩、达连海等地。棕钙土是温带干草原向荒漠过渡的一种地带性土壤，位于栗钙土与荒漠土之间，在盆地内主要分布于切吉滩和哇玉香卡一带。非地带性土壤是受风成砂、地表水和地下水影响的隐域性或半隐域性土壤，主要分布于沙地、河湖周围及沼泽地上。非地带性土壤又分为风沙土、草甸土、沼泽土和盐土。

3.5 植 被

研究区的植被类型大体分两大类：地带性植被和非地带性植被。地带性植被是与高寒半干旱和干旱气候带相应的显域性植被，主要分布于地势稍高，较少受地表水、地下水和风成砂影响的地区，其又分为两类，即草原和草原化荒漠。草原又分为典型草原、荒漠草原和高寒草原。典型草原有以下三个类型：①克氏针茅草原，克氏针茅（*Stipa krylovii*）是研究区地带性植被的代表种，伴生种类主要有糙隐子草（*Cleistogenes squarrosa*）、冷蒿（*Artemisia frigida*）和驼绒藜（*Ceratoides latens*）等。②固沙草草原，固沙草（*Orinus thoroldii*）与短花针茅（*Stipa breviflora*）共同组成群落，伴生种类主要有多裂委陵菜（*Potentilla multifida*）、阿尔泰狗娃花（*Heteropappus altaicus*）和乳白黄耆（*Astragalus galactites*）等。③冷蒿草原，其生活型组成主要是冷蒿+多年生丛生禾草，其代表植物种有克氏针茅、短花针茅、糙隐子草和冰草（*Agropyron cristatum*）等。荒漠草原以短花针茅为代表种，是研究区内重要的植被类型，主要分布在切吉、沙珠玉、铁盖和塘格木等地，其他种类主要有阿尔泰狗娃花、早熟禾（*Poa* sp.）、赖草（*Leymus secalinus*）等。高寒草原以紫花针茅（*Stipa purpurea*）为代表种，其他种类有早熟禾、克氏针茅和赖草等。草原化荒漠以毛刺锦鸡儿（*Caragana tibetica*）为代表种，伴生种主要有银灰旋花（*Convolvulus ammannii*）、狼毒（*Stellera chamaejasme*）、阿尔泰狗娃花、冰草和固沙草等。非地带性植被主要有沙地半灌丛、草甸和沼泽。沙地半灌丛以沙蒿（*Artemisia desertorum*）为代表种，其伴生种主要有赖草、冰草、披针叶黄华（*Thermopsis lanceolata*）、阿尔泰狗娃花、猪毛菜（*Salsola collina*）、甘草（*Glycyrrhiza uralensis*）、短花针茅和固沙草等。草甸的代表物种主要有芨芨草（*Achnatherum splendens*）和赖草等。沼泽以芦苇（*Phragmites communis*）和湿生杂类草为代表种。人工植被主要有青杨（*Populus cathayana*）、小叶杨（*Populus simonii*）、沙棘（*Hippophae rhamnoides*）、柽柳（*Tamarix chinensis*）、柠条锦鸡儿（*Caragana korshinskii*）、北沙柳（*Salix psammophila*）、乌柳（*Salix cheilophila*）和沙蒿等。

主要参考文献

董光荣, 高尚玉, 金炯, 等. 1993. 青海共和盆地土地沙漠化与防治途径. 北京: 科学出版社.

张登山, 高尚玉, 石蒙沂, 等. 2009. 青海高原土地沙漠化及其防治. 北京: 科学出版社.

第4章　典型防护林生理生态特性及林下环境特征

　　共和盆地是高寒荒漠生态系统环境变化的敏感地区，也是青海省荒漠化与沙化土地的典型代表。与其他沙化地区相比，共和盆地因其自身海拔高、气温低的自然条件，决定了其在土地荒漠化发生、发展及防治途径上的特殊性。通过人工措施保护、恢复和建设植被是该区域防治土地沙漠化最有效、最经济、最持久和最稳定的措施，也是改造利用沙漠化土地的重要途径（Su et al.，2005；Zhou et al.，2008）。

　　在对沙化土地进行植被恢复后，植物的生理生态学特性在植被恢复过程的研究中起着非常重要的作用。首先，通过评价不同恢复阶段植物的生理生态特性，可以明确其适应性。其次，对不同恢复阶段植物群落物种多样性的研究，可以提供解释宏观生态现象的试验和理论依据。最后，对不同恢复阶段植物光合作用的研究，可以了解植被恢复过程中生产力的变化，提供生态系统模拟所需的基本参数和变量。

　　生物量及碳贮量是反映生态环境健康情况的重要指标，沙化土地植被恢复重点强调对沙化生态系统过程和功能的恢复。对不同恢复阶段植被与土壤之间相互作用进行研究，能够更加明确在脆弱的沙化生态系统中，植被恢复对土壤的改良过程；对不同恢复阶段植被的生产力与固碳功能进行研究，能够明确沙化生态系统生产力的动态变化，进而能够全面系统地论证植被恢复能够实现沙地生态功能的恢复。

　　干旱和半干旱生态系统中，水分是决定生态系统结构与功能的重要环境因子（Ehleringer，1985；Smith and Nowak，1990）。长期生存在以风沙和干旱为基本特征的生态环境中的植物，将不断改变自身生理特征，以适应环境胁迫。如何利用有限的而且通常是不可预测的水分，是沙化土地植物生存、生长和繁殖的关键。植物对水分的利用策略会影响它们对环境的适应机制，也会影响种间关系，如物种竞争和共存，进而影响群落结构和动态。因此，对沙化土地不同恢复阶段植物的水分利用策略，包括它们对不同来源水分的利用方式及水分利用效率进行研究，不仅可以了解植物如何适应水分缺乏的极端环境，还可以据此在沙化地区的植被恢复过程中选择合理的植物配置模式，优化人工群落的水分利用格局，增强人工植物群落的稳定性。

　　为了揭示高寒沙地典型防护林本身在当地特殊高寒环境条件下的生理生态特征、适应性及其对退化生态系统恢复过程的影响，本章对处于不同恢复阶段典型防护林的光合生理、水分生理、叶片结构型性状特征、林下群落结构和物种多样性、土壤理化性质、根系分布特征、生物量、生产力、生态系统碳贮量及水分利用策略等方面进行较为系统的研究。为高寒干旱、半干旱沙化地区人工林的建设、保护与经营提供科学依据，为高寒荒漠区退化生态系统植被恢复和重建提供参考。

4.1　研　究　方　法

4.1.1　光合特性测定方法

4.1.1.1　光合作用参数日变化测定

测定仪器为 Li-6400 便携式光合仪（Gene Company Ltd.，USA）。每个样地选择 3 株待测样株，从树冠南向选择中上部中等大小、健康的叶片（3 片）作为标准叶样。日变化测定时间为 08: 00~18: 00，每 2h 进行一次活体测定，测定时每个叶片记录 5 次数据，取平均值。净光合速率（P_n）、胞间 CO_2 浓度（C_i）、蒸腾速率（T_r）、气孔导度（G_s）等生理指标及光合有效辐射（PAR）、大气 CO_2 浓度（C_a）、气温（T_a）、叶温（T_l）、大气相对湿度（RH）、叶片蒸汽压亏损（V_{pdl}）等微气象参数由 Li-6400 便携式光合仪同步测出。计算气孔限制值（L_s）和瞬时水分利用效率（WUE_t）（Larcher，1997）。测量重复 3 次。

$$L_s=1-C_i/C_a \tag{4.1}$$

$$WUE_t=P_n/T_r \tag{4.2}$$

4.1.1.2　光响应参数测定

光响应参数测定于 7 月下旬晴天进行。09: 00 左右，利用 Li-6400 便携式光合仪自带的 2cm×3cm 红蓝光源叶室（Li-6400-02B）提供不同的光照强度：2000μmol/(m^2·s)、1800μmol/(m^2·s)、1500μmol/(m^2·s)、1200μmol/(m^2·s)、1000μmol/(m^2·s)、800μmol/(m^2·s)、600μmol/(m^2·s)、400μmol/(m^2·s)、200μmol/(m^2·s)、150μmol/(m^2·s)、100μmol/(m^2·s)、80μmol/(m^2·s)、50μmol/(m^2·s)、20μmol/(m^2·s)、0μmol/(m^2·s)，测定不同光强下的 P_n。根据沙漠腹地高温、高辐射的环境气候特点，测定时叶温设置为 28℃，参比室 CO_2 浓度为 380μmol/mol，重复 3 次。以 Michaelis-Menten 模型对光响应参数进行拟合（Harley and Tenhunen，1991）。模型表达式为

$$P_n = \frac{\alpha \cdot PAR \cdot P_{nmax}}{\alpha \cdot PAR + P_{nmax}} - R_d \tag{4.3}$$

式中，P_n 为净光合速率；α 为光响应曲线的初始量子效率；PAR 为光合有效辐射；P_{nmax} 为最大净光合速率；R_d 为暗呼吸速率。模型参数估计采用 SPSS 统计分析软件中的非线性逐步回归方法。用公式（4.4）和公式（4.5）计算光补偿点（LCP）和光饱和点（LSP）：

$$LCP = \frac{P_{nmax} \cdot R_d}{\alpha(P_{nmax} - R_d)} \tag{4.4}$$

$$LSP = \frac{P_{nmax}(0.75P_{nmax} + R_d)}{\alpha(0.25P_{nmax} - R_d)} \tag{4.5}$$

4.1.1.3 CO_2 响应参数测定

CO_2 响应参数测定于 7 月下旬晴天进行。在 15:00 左右，利用 Li-6400 便携式光合仪自带的 CO_2 注入系统控制不同的 CO_2 浓度：0μmol/mol、50μmol/mol、80μmol/mol、100μmol/mol、150μmol/mol、200μmol/mol、400μmol/mol、600μmol/mol、800μmol/mol、1000μmol/mol、1200μmol/mol、1400μmol/mol、1600μmol/mol、1800μmol/mol、2000μmol/mol，测定不同 CO_2 浓度下的 P_n。根据沙漠腹地高温、高辐射的环境气候特点，测定时叶温设置为 28℃，光照强度为 1600μmol/（m²·s），重复 3 次。以 Michaelis-Menten 模型对 CO_2 响应参数进行拟合（Harley et al., 1992）。模型表达式为

$$P_n = \frac{a \cdot C_i \cdot A_{max}}{a \cdot C_i + A_{max}} - R_p \tag{4.6}$$

式中，P_n 为净光合速率；C_i 为胞间 CO_2 浓度；a 为 CO_2 响应曲线的初始羧化效率；A_{max} 为光合能力；R_p 为光呼吸速率。由于光下暗呼吸很弱，可近似将光下叶片向空气中释放 CO_2 的速率看作光呼吸速率（蔡时青和许大全，2000）。对低浓度 CO_2（C_i 小于 200μmol/mol）下的响应参数进行线性回归，回归方程为

$$P_n = -R_p + CE \cdot C_i \tag{4.7}$$

式中，CE 为表观羧化效率。当 $P_n = 0$ 时，C_i 即为 CO_2 补偿点（CCP）；当 $P_n = A_{max}$ 时，C_i 即为 CO_2 饱和点（CSP）。

4.1.1.4 叶绿素荧光参数日变化测定

利用便携式调制叶绿素荧光仪 PAM-2100（Walz Company Ltd., Genmany）测定初始荧光（F_o）、最大荧光（F_m）、最大光化学效率（F_v/F_m）、实际光化学效率（Φ_{PSII}）、光化学淬灭系数（q_P）、非光化学淬灭系数（NPQ）等叶绿素荧光参数，各参数值均在选定模式下系统自动计算生成，每次测定前叶片暗适应 30min。测定时间与光合生理参数日变化测定同步。重复 3 次。同时测定 06:00 的 F_o、F_m、F_v/F_m，此时阳光尚未直射到植物体上，叶片经过一整夜的暗适应，PSII 反应中心处于充分活化状态。

4.1.1.5 叶面积测定

观测结束后，将叶片剪下装入自封袋中迅速带回实验室，用扫描仪扫描后经图像分析软件 Image-Pro Plus 6.0 计算出实际叶片面积，回算得出真实的各项生理

指标参数。

4.1.2　水分生理特性及叶性状特征测定方法

枝条水势测定：测定仪器为美国 PMS 公司生产的 Model 1000 型植物水势仪，采用压力室法测定各待测枝条水势。试验于 2011 年 7 月下旬晴天进行，从 06:00 到 18:00 每隔 3h 测定一次，测定重复 3 次。

叶片相对水分亏损测定：叶样采集时间为 7 月下旬，此时植物正处于生长盛期。09:00~10:00，在各样地内随机采集若干株植物完全展开并保持完整的成熟叶片 100g 左右，装入自封袋中，迅速带回实验室以做进一步的分析。叶片相对水分亏损测定采用称重法（邹琦，2000）。采用随机抽样法从每个植物叶样中取鲜叶 1g 左右，称量后用蒸馏水浸泡 24h，再称饱和鲜叶质量，最后在烘箱中 105℃烘干 12h，称重，重复 3 次。计算相对水分亏损：

$$相对水分亏损 = \frac{饱和鲜叶质量 - 鲜叶质量}{饱和鲜叶质量 - 干叶质量} \times 100\% \tag{4.8}$$

叶片保水力测定：用随机抽样法从每个植物叶样中取鲜叶 1g 左右，在室内自然干燥 24h 后称重，然后 105℃杀青 30min，95℃烘干 24h，称干叶质量，测定重复 3 次。计算失水率：

$$失水率 = \frac{鲜叶质量 - 24h失水后叶片质量}{干叶质量 \times 24} \times 100\% \tag{4.9}$$

比叶面积（SLA）测定：采用随机抽样法从每个植物叶样中取叶片 30~40 片，用扫描仪扫描后经图像分析软件 Image-Pro Plus 6.0 计算出叶片面积。105℃杀青 30min，95℃烘干 24h，用电子天平（精确度为 0.001g）称其干重，测定重复 3 次。计算比叶面积：

$$比叶面积 = \frac{叶面积}{叶片干重} \tag{4.10}$$

单位重量叶氮（N_{mass}）和单位重量叶磷（P_{mass}）含量的测定：将烘干叶片用植物粉碎机粉碎，测定粉碎样品中的全氮和全磷含量。叶片氮含量采用凯氏定氮法测定，叶片磷含量采用高氯酸、硫酸消化、钼锑抗比色法测定。测定重复 4 次。

4.1.3　林下生物多样性测定方法

在待测人工林样地中选择生境基本相同的 10m×10m 子样地各 4 块。利用 GPS 仪对子样地进行定位，对各子样地进行每木检尺，记录子样地中树木的地径、树高、密度和冠幅，测定林分的郁闭度（覆盖度）等。在样地选择时充分考虑坡度、坡向、海拔等自然生境因素，尽量选取地形地貌一致的样地。样地的海拔差别较小，地形地貌较为平坦（坡度＜5°），故可认为各样地中林下植被群落的差异均是由待测人工林的不同而造成的。在每个子样地中随机设置 4 个 1m×1m 的记名样方，进行样方调查和地上生物量取样。样方调查记录的主要内容包括植物种类、盖度、高度、密度等。准确鉴定植物标本，统计科、属、种及其组成。地上生物量取样时齐地面刈割，80℃烘干后称重。

以重要值（IV）表示某一植物种在群落中的地位和作用（张金屯，2004；张晶晶等，2010；杨兆平等，2010）。重要值的计算方法为

$$重要值 = \frac{相对高度 + 相对盖度 + 相对密度}{3} \tag{4.11}$$

$$相对高度 = \frac{样方内物种i的高度}{样方内所有物种的高度和} \times 100 \tag{4.12}$$

$$相对盖度 = \frac{样方内物种i的盖度}{样方内所有物种的盖度和} \times 100 \tag{4.13}$$

$$相对密度 = \frac{样方内物种i的密度}{样方内所有物种的密度和} \times 100 \tag{4.14}$$

i 物种在子样方中的平均重要值为 i 物种在该子样方中所有记名样方内重要值的算术平均值。

采用丰富度指数（Patrick 指数）、物种多样性指数（Shannon-Wiener 指数）、均匀度指数（Pielou 均匀度指数）及生态优势度指数（Simpson 生态优势度指数）测定 α 多样性（Magurran，2011）。计算公式如下：

$$Patrick 指数（R）= S \tag{4.15}$$

式中，S 代表每一个样方中的物种总数。

$$Shannon\text{-}Wiener 指数（H'）= -\sum_{i=1}^{S} P_i \ln P_i \tag{4.16}$$

式中，P_i 为第 i 个物种的相对重要值；N_i 为第 i 个物种的绝对重要值；N 为第 i 个物种所在样方的各个种的重要值之和。

$$P_i = N_i / N \tag{4.17}$$

$$Pielou 均匀度指数（J_{sw}）= E = H' / \ln S \tag{4.18}$$

$$Simpson 生态优势度指数：D = 1 - \sum_{i=1}^{S} P_i^2 \tag{4.19}$$

物种 β 多样性采用 Sørensen 相似性指数计算（方精云等，2009；马克平等，1995）：

$$Sørensen 相似性指数（C）= Z_j / (a+b) \tag{4.20}$$

式中，Z_j 为两个群落的共有种在各个群落中重要值的总和；a 为样地 A 的所有物种重要值的总和；b 为样地 B 的所有物种重要值的总和。

4.1.4　林下土壤特性测定方法

4.1.4.1　土壤样品采集

在各标准株冠幅边缘用土钻采集土壤样品，每个样点按采样需求进行分层取样。同一层土壤样品 4 次重复，采用四分法取出足够样品，一部分置于铝盒中测定土壤含水量，另一部分带回室内自然风干进行土壤理化性质测定。土壤样品去除残留的枯落物后，先过 2mm 筛，取一部分用于测定土壤 pH，另一部分再过0.25mm 筛（研磨后），用于进行土壤有机质（SOM）、土壤全氮（TN）、硝态氮（NO_3^--N）、土壤有机碳（SOC）、铵态氮（NH_4^+-N）、速效磷（AP）和速效钾（AK）含量的测定。

4.1.4.2　土壤有机质含量及相关化学性质的测定

分别采用重铬酸钾-硫酸溶液直接加热消解法测定土壤有机质含量，采用半微量凯氏定氮法测定 TN 含量，采用酚二磺酸比色法测定 NO_3^--N 含量，采用水杨酸-次氯酸盐光度法测定 NH_4^+-N 含量，分别采用 $NaHCO_3$-钼锑抗混合试剂比色法和火焰光度计法测定 AP 和 AK 含量。使用 PHS-4 智能型酸度计测定土壤 pH（林大仪，2004）。

4.1.4.3　土壤物理性质的分析

挖取土壤剖面，采用环刀法对土壤容重、土壤毛管持水量、土壤非毛管孔隙度、土壤总孔隙度及土壤比重等土壤物理性质进行研究，各项指标计算公式如下：

$$rs = g/V \tag{4.21}$$
$$W_1 = (g_1 - g) \times 100\% / g \tag{4.22}$$
$$W_2 = (g_2 - g) \times 100\% / g \tag{4.23}$$
$$P_{非} = (W_2 - W_1) \times rs \tag{4.24}$$
$$P_{毛} = W_1 \times rs \tag{4.25}$$
$$P_{总} = P_{非} + P_{毛} \tag{4.26}$$
$$rv = rs/(1 - P_{总}) \tag{4.27}$$

式中，rs 为土壤容重（g/m^3）；V 为环刀容积（cm^3）；g 为湿土重（g）；W_1 为毛管持水量（%）；W_2 为最大持水量（%）；$P_{总}$ 为土壤总孔隙度（%）；$P_{毛}$ 为土壤毛管孔隙度（%）；$P_{非}$ 为土壤非毛管孔隙度（%）；rv 为土壤比重；g_1 为干沙上搁置 2h后环刀内湿土重（g）；g_2 为浸润 12h 后环刀内湿土重（g）。

同理，各土层毛管持水量与最大持水量计算公式如下：

$$W_3 = 0.1 \times k \times rs \times W_1 \tag{4.28}$$
$$W_4 = 0.1 \times k \times rs \times W_2 \tag{4.29}$$

式中，W_3 为各土层毛管持水量（mm）；W_4 为各土层最大持水量（mm）；rs 为土壤容重（g/m^3）；k 为土层深度（cm）。

4.1.5 生物量测定方法

4.1.5.1 生物量的测定

分别在各待测林地内设置固定样地，样地面积均为 30m×20m，同时在样地内设置 3 个 10m×10m 的样方，在每木检尺的基础上，根据树高、基径和冠幅等测树因子，在每个样地内分别选取生长良好且与林分平均测树因子相近的标准木 4 株。采用分层挖掘法获得树根，实测标准株不同组分（树干、树枝、树叶、树皮、树根）的鲜重，带回实验室置于烘箱内，80℃烘干至恒重，计算标准株树干、树枝、树叶、树皮不同组分的含水率，进而换算成相应的生物量（同时按不同组分获得烘干样品，进行含碳率的测定）。

4.1.5.2 林下草本生物量测定

在每个样地的对角线上离 4 个角各 1m 处及对角线交汇处设置 5 个 1m×1m 的记名样方，进行样方调查。记录每个小样方内草本植物的种类、高度、盖度和密度，并统计各草本植物的科、属、种。采用全挖实测法，分地上和地下部分测定其鲜重，同种植物相同器官取混合样品，带回实验室 80℃烘干至恒重。

4.1.5.3 根系分布特征调查

在确定标准株后，地下部分根系的分布与生物量的测定采用剖面法和完全株挖掘法相结合的办法进行调查取样，分别对标准株进行根系分布图的绘制及根系的调查与测定。采取剖面法对根系分布剖面特征进行研究，剖面大小以植株根系明显稀疏为限。乌柳林根据根系剖面分布特征，记录粗根（直径 $d \geqslant 5.0$mm）、中根（2.0mm$< d < 5.0$mm）、细根（$d \leqslant 2.0$mm）的数目，再分别按由上向下每 10cm，由右向左每 20cm 取土层，用筛子筛去沙土，采用全部挖掘法，按层收集所有根系装入袋中。中间锦鸡儿林将采集的根系按直径分为 $\leqslant$1mm 和 $>$1mm 两个级别，用游标卡尺测量根系直径，用卷尺测量根系长度。由于 0~10cm 土层细根量多，对于直径$<$1mm 的细根仅测定 1/2 左右，其余全部测定。将根系样品带回实验室冲洗、晾晒并 85℃烘干后用百分之一电子天平称量干重，求得根系的根量，并折算为单位面积的生物量。根系样品同时用于实验室含碳率的测定。

1）根系长度（root length，L）的测定

采用直接测量法和交叉法进行测量，直接测量法是用游标卡尺和卷尺直接测量容易测得的大根和中根长度，而对于细根而言，由于交叉点较多，因此将细根平放于由 5mm×5mm 小格子组成的方格纸上，记录根系与框格垂直线和水平线的

交叉点数，采用 Tennant（1975）等学者的方法进行根长的计算，并结合根系重量计算比根长（*SRL*），计算方法如下：

$$L=0.7857 \times N \times 0.3928 \tag{4.30}$$

$$SRL=L/W \tag{4.31}$$

式中，*L* 为根长（cm）；*SRL* 为比根长（m/g）；*N* 为交叉点个数；*W* 为根系重量（g）；0.7857 与 0.3928 为常数。

2）根长密度（root length density，*RLD*）的测定

根长密度是指单位土壤体积或土壤面积内根系的长度，其在一定程度上代表单位体积或单位面积内根系吸收的表面积。在测得根长（*L*）后，除以土壤体积（*V*）即可得根长密度，计算公式如下：

$$RLD=L/V \tag{4.32}$$

式中，*RLD* 为根长密度（m/m^3）；*V* 为土壤体积（m^3）。

3）根系消弱系数（root extinction coefficient，*β*）的测定

Gale 和 Grial（1987）对不同演替阶段的不同树种根系分布情况进行了详细的研究，并提出了根系垂直分布模型：

$$Y=1-\beta^{d} \tag{4.33}$$

式中，*Y* 为根量累积百分比（地表到一定深度）；*d* 为土层深度（cm）。

β 只说明根系垂直分布与深度之间的关系。根系消弱系数越大，意味着根系在深层土壤中分布的百分比越大；根系消弱系数小，则说明根系集中分布在接近地表的土层中。

4.1.6　含碳率和碳密度的测定与计算

4.1.6.1　各组分含碳率和碳密度计算公式

各组分碳密度计算公式如下：

$$\overline{pc_i} = \frac{\sum pc_{ij} \times B_{ij}}{\sum B_{ij}} \tag{4.34}$$

式中，$\overline{pc_i}$ 是各组分的生物量加权平均含碳率；pc_{ij} 是第 *i* 层第 *j* 组分的含碳率；B_{ij} 是第 *i* 层第 *j* 组分的生物量。

$$pc_d = \sum_{i=1}^{n} B_i \times c_i \tag{4.35}$$

式中，pc_d 是植被碳密度；B_i 是第 *i* 组分的植被生物量（t/hm^2）；c_i 是第 *i* 组分的植被含碳率。

4.1.6.2 土壤有机碳密度计算公式

土壤有机碳密度计算公式如下：

$$SOC = \sum_{i=1}^{n} EC_i \times BD_i \times T_i \times k \times 10^{-6} \qquad (4.36)$$

式中，SOC 是土壤有机碳密度（t/hm^2）；EC_i 是第 i 层的土壤有机碳含量；BD_i 是第 i 层的土壤容重（g/cm^3）；T_i 是第 i 层的土壤厚度（cm）。

4.1.6.3 植物有机碳含量的测定

采用重铬酸钾-水合加热法测定植物有机碳含量（Storer，1984），利用水浴锅加热促进重铬酸钾对样品中有机物的氧化，反应后剩余的重铬酸钾用硫酸亚铁标准液滴定，根据有机碳被氧化后重铬酸钾的变化来计算土壤及植物样品中有机碳的含量。

4.1.7 水分利用策略测定方法

2009 年 8 月 10~13 日，分别在待测样地中采集植物和土壤样品，同时收集雨水和井水（代替地下水）。每种水样采集 3 瓶作为重复，采集到的水样立即用封口膜密封在 8ml 的玻璃样品瓶中冷藏。

在待测样地的各个样方中分别选择 4~5 棵生长旺盛的植株，在每个植株阳面的中部采集一段 4~5cm 长的枝条，除去树皮，保留木质部，立即用封口膜密封在 8ml 的玻璃样品瓶中冷藏。每个样地各采集 4 瓶作为重复。各样地的样方中分别挖土壤剖面，土壤采样的深度分别为 10cm、20cm、30cm、50cm、100cm、150cm 和 200cm，每层 4 个重复。记录各层土壤质地（如细沙土或黏土），同时观察各林地细根根系的主要分布深度。各层的一部分土壤立即用封口膜密封在 8ml 的玻璃样品瓶中冷藏。各层的另一部分土壤分别用铝盒带回，用百分之一电子天平测量土壤湿质量，在 105℃的烘箱中干燥 24h 后，测量土壤干质量，计算各层的土壤含水量（g/kg）。土壤含水量的测试在共和站的实验室内完成。将样品瓶中的土壤和枝条木质部冷藏带回中国林业科学研究院的稳定同位素比率质谱实验室，真空提取其中的水分，用质谱仪（Finnigan MAT Delta V Advantage）测量雨水、井水、枝条木质部水分和土壤各层水分的稳定氢比率（δD）和氧同位素比率（$\delta^{18}O$）：

$$\delta D = \left[(R_{pD}/R_{sD})^{-1} \right] \times 1000‰ \qquad (4.37)$$

$$\delta^{18}O = \left[(R_{p18O}/R_{s18O})^{-1} \right] \times 1000‰ \qquad (4.38)$$

式中，R_{pD} 为样品的重轻氢同位素之比（D/H）；R_{p18O} 为样品的重轻氧同位素之比（$^{18}O/^{16}O$）；R_{sD} 为标准物质（标准平均海水）的重轻氢同位素之比（D/H）；R_{s18O} 为标准物质（标准平均海水）的重轻氧同位素之比（$^{18}O/^{16}O$）（曹燕丽等，2002）。

δD 和 δ¹⁸O 测定原理：H₂O 在元素分析仪 FLASH EA1112HT 中被催化裂解为 CO 与 H₂。质谱仪 Delta V 通过检测 CO 中的 O 与 H₂ 中的 H 得到 H₂O 中的 ¹⁸O/¹⁶O 与 ²H/¹H 的值。检测方法：样品中含有的水分经真空系统提取后密封于 2ml 玻璃瓶中，由 AS3000 自动进样器吸取 0.1μl 液体注入 FLASH EA1112HT 进行高温裂解生成 CO 与 H₂，由 Delta V 检测稳定同位素比率，每个样品连续检测 3 次，取第三次测定结果为试验结果。检测时的反应温度为 1380℃，载气流速为 80ml/min。标准样品连续测定精度：δD＜1.5‰；δ¹⁸O＜0.2‰。

在各样地的样方中分别选择 4~5 棵生长旺盛的植株，在每个植株阳面的中部采集 20~30 片完全展开的健康叶片，混合作为一份样品，每个样地采集 4 份样品作为重复。各样方叶片分别用纸袋带回实验室，在 105℃下杀青 1h，在 80℃下烘 24h，然后粉碎叶片，过 80 目筛，用质谱仪测定稳定碳同位素比率：

$$\delta^{13}C = [(R_{p13C}/R_{s13C})^{-1}] \times 1000‰ \qquad (4.39)$$

式中，R_{p13C} 为样品的重轻碳同位素之比（¹³C/¹²C）；R_{s13C} 为标准物质（PDB，美国南卡罗来纳州的碳酸盐陨石）的重轻碳同位素之比（¹³C/¹²C）（陈世苹等，2002）。

δ¹³C 值测定原理：样品在 FLASH EA 1112 HT 中在高温下氧化还原为 CO₂，质谱仪通过检测 CO₂ 中的 C 得到样品中的 δ¹³C 的值。样品检测方法是将样品用锡杯在百万分之一的天平称量后包好，进入元素分析仪 FLASH EA1112HT 检测。主要试剂包括三氧化二铬（Cr₂O₃）、还原铜（Cu）和镀银氧化钴（CoO/Ag）。反应温度为 950℃，反应过程中载气流速为 85ml/min。标样的连续测定精度为：δ¹³C＜0.2‰。

4.2　乌柳防护林的生理生态特性及林下环境特征

乌柳是杨柳科柳属落叶灌木或小乔木，其生存能力很强，耐寒抗旱，较耐风蚀、沙埋和轻度盐渍化。在我国环境恶劣的西北沙区，它发挥了显著的水土保持、防风固沙、改善环境的功能。乌柳引入共和盆地历史虽不长，但已成为常用的防护林带造林树种之一，对当地的流沙治理及生态环境恢复起到了重要作用。本节从恢复生态学角度出发，对处于不同恢复阶段乌柳防护林的光合生理、水分生理、叶片结构型性状特征、林下群落结构和物种多样性、土壤理化性质、根系分布特征、生物量、生产力、生态系统碳贮量及水分利用策略等方面进行研究，为高寒干旱半干旱地区乌柳防护林的建设、保护与经营提供参考。

4.2.1　不同林龄乌柳的光合特性

光合作用是植物体最重要的生理过程，决定了植物生长发育的基础和生产力的高低（许大全，1999）。作为绿色植物对各种内外因子最敏感的生理过程之一，光合作用能有效表征植物生长环境的变化，很大程度上反映了植物在环境中的生存竞争能力，可作为评价其生产力和适应性的重要指标（Xu，2001；于贵瑞和王秋凤，2010）。近年来，随着生理生态测试仪器不断更新发展，同步测量气体交换和叶绿素荧光已成为生理生态学研究的热点（Bertamini et al.，2006；郑淑霞和上官周平，2006；简在友等，2010）。为了明确乌柳在光合荧光特性方面如何与当地特殊的高寒、干旱环境相适应，不同林龄乌柳的光合生理有多大差异，以及处于哪个龄级的乌柳有着更强的生存竞争能力，以共和盆地不同林龄乌柳为研究对象，通过观测其自然状态下光合荧光特性参数，对各林龄乌柳的光合能力进行对比分析，以期深入了解不同林龄乌柳光合生理差异，为高寒干旱、半干旱荒漠区乌柳人工林的植被建设、保护与经营提供参考。

4.2.1.1 不同林龄乌柳净光合速率等生理指标日变化

不同林龄乌柳 P_n 等指标的日均值变化见表 4.1。由表 4.1 可知，4 个林龄乌柳 P_n、T_r 和 WUE_t 日均值间差异显著（$P<0.05$）。4 年生和 37 年生乌柳 P_n 和 T_r 日均值显著小于 11 年生和 25 年生乌柳（$P<0.05$）；4 年生乌柳 WUE_t 日均值显著高于其他 3 个林龄的乌柳（$P<0.05$）。

表 4.1　不同林龄乌柳光合生理参数日均值比较

林龄/年	P_n/[μmol/(m²·s)]	C_i/（μmol/mol）	T_r/[mmol/(m²·s)]	G_s/[mmol/(m²·s)]	WUE_t/（μmol/mol）	L_s
4	9.08±1.02b	234.92±13.33a	5.44±0.37b	0.16±0.00a	2.18±0.02a	0.40±0.03a
11	11.52±0.49a	261.83±9.56a	7.96±0.42a	0.21±0.02a	1.70±0.04b	0.33±0.02a
25	10.56±0.89a	269.94±11.97a	7.70±0.45a	0.23±0.04a	1.83±0.05b	0.30±0.03a
37	8.79±0.37b	248.35±4.24a	6.20±0.84a	0.19±0.02a	1.85±0.07b	0.36±0.01a

注：同一列数值后不同小写字母表示差异显著（$P<0.05$），下同

一天中不同林龄乌柳 P_n 等光合特征参数随外界环境因子的变化而发生变化，但表现出不同的变化规律（图 4.1）。25 年生和 37 年生乌柳 P_n 日变化为双峰曲线，4 年生和 11 年生乌柳 P_n 日变化为单峰曲线，各林龄乌柳 P_n 峰值大小和出现时间各异。4 年生和 37 年生乌柳 C_i 总体呈下降趋势，18：00 达到最低值；11 年生和 25 年生乌柳 C_i 虽然总体也呈下降趋势，但最低值出现时间为 14：00~16：00。各林龄乌柳 T_r 日变化均呈单峰曲线，但峰值大小和出现时间各异。4 个林龄乌柳 G_s 日变化曲线基本一致，均为早晨最高，随后逐渐降低，18：00 达到最低值。各林龄乌柳 L_s 变化曲线均为早晨较低，随后逐渐上升，但 4 年生和 37 年生乌柳 L_s 在 18：00 达到最高值，而 11 年生和 25 年生乌柳则在 14：00~16：00 达到最高值。各林龄乌柳 WUE_t 日变化曲线均为早晨较高，随后逐渐降低，12：00~14：00 达到最低值，随后再上升。

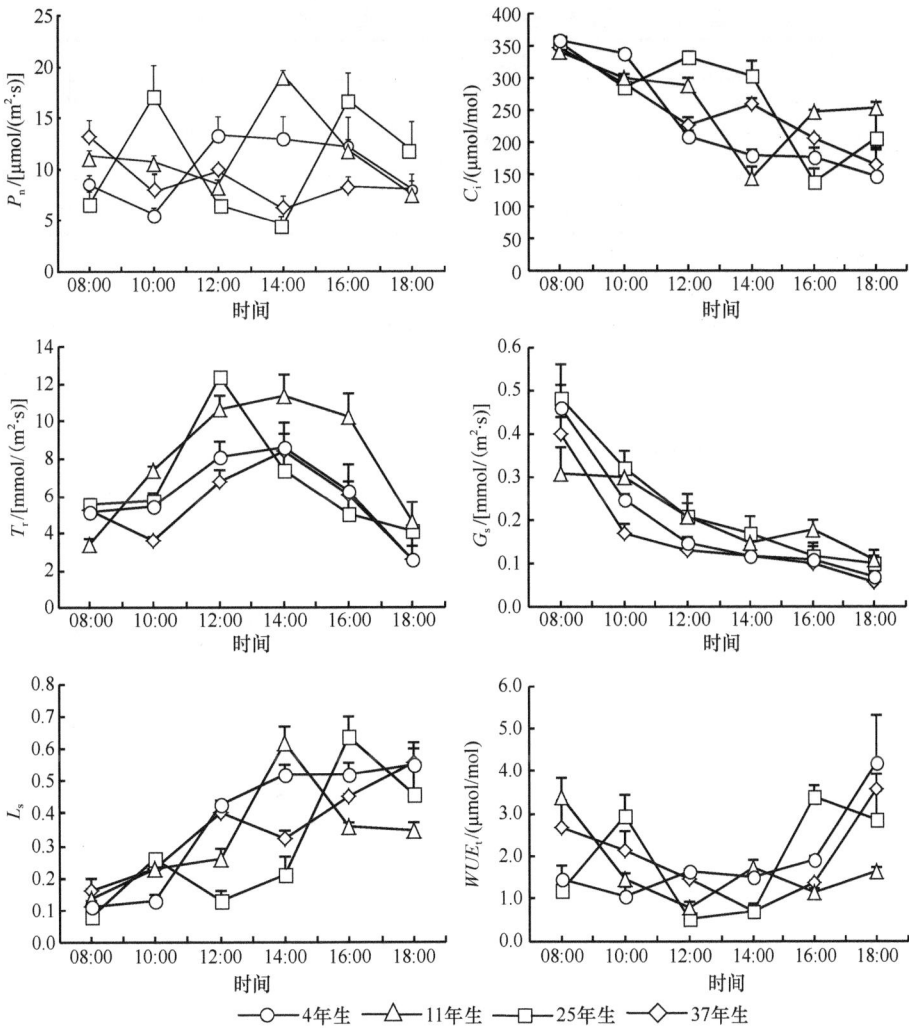

图 4.1　不同林龄乌柳 P_n、C_i、T_r、G_s、L_s、WUE_t 等光合生理参数日变化

各林龄乌柳 P_n 与主要环境因子的相关性见表 4.2。25 年生和 37 年生乌柳 P_n 与 PAR、T_a 呈负相关，表明其对外界环境条件较敏感：在高温、高光强的环境条件下，气孔关闭以减少对水分的消耗，造成 C_i 降低，光合原料 CO_2 不足，使 P_n 降低；或是在恶劣的环境条件下，D1 蛋白损伤使 PS II 失活或电子传递链某一载体被破坏，造成光合电子传递效率下降，使 P_n 降低。25 年生和 37 年生乌柳 P_n 与 RH 呈正相关，表明其对外界水分条件较敏感，易受水分亏缺影响。4 年生、11 年生和 25 年生乌柳 P_n 与 C_a 呈负相关，表明其光合能力较强，在光强逐渐增加的过程中，叶肉细胞光合活性逐渐增大，CO_2 消耗增多、加快，从而出现这种负相关关系。

表4.2 不同林龄乌柳 P_n 与主要环境因子间的相关系数

林龄/年	项目	$PAR/[\mu mol/(m^2 \cdot s)]$	$T_a/°C$	$RH/\%$	$C_a/(\mu mol/mol)$
4	$P_n/[\mu mol/(m^2 \cdot s)]$	0.315	0.656**	−0.534*	−0.319
11	$P_n/[\mu mol/(m^2 \cdot s)]$	0.488*	0.454	−0.198	−0.270
25	$P_n/[\mu mol/(m^2 \cdot s)]$	−0.314	−0.236	0.151	−0.198
37	$P_n/[\mu mol/(m^2 \cdot s)]$	−0.122	−0.583*	0.630**	0.676**

*表示在0.05水平显著相关；**表示在0.01水平显著相关，下同

各林龄乌柳 P_n 与气体交换指标间的相关性见表4.3。37年生乌柳 P_n 与 G_s、C_i 呈正相关，与 L_s 呈负相关，说明其光合能力有限，细胞内同化力、RuBP 羧化酶的数量和活性有限，当外界环境条件适宜、光合速率增加时，细胞中 CO_2 量足够，不会由于 CO_2 供应不足使 P_n 下降；4年生、11年生和25年生乌柳 P_n 与 G_s、C_i 呈负相关，与 L_s 呈正相关，说明其光合能力较强，当外界环境条件适宜，叶肉细胞光合活性逐渐增大，对 CO_2 的消耗增多、加快，这与上述各林龄乌柳 P_n 与 C_a 相关性分析结果是一致的。25年生和37年生乌柳 P_n 与 T_r、V_{pdL} 呈负相关，说明其易受到外界环境条件的胁迫。通常，叶片温度升高会使气孔下腔蒸汽压差增大，即 V_{pdL} 增大，使 T_r 加快，起到降低叶片温度的作用，但 T_r、V_{pdL} 增加，P_n 并没有相应增加，表明大量的水分并没有用于光合作用，而用于叶片降温了，此时高温、高光强可能已经对光合器官造成损伤，导致光化学效率下调。4年生和11年生乌柳 P_n 与 T_r、V_{pdL} 呈正相关，说明植物体在增加蒸腾耗水降低叶片温度的同时，能有效地将机体中的水分加以利用，以增加 P_n。

表4.3 不同林龄乌柳 P_n 与气体交换指标间的相关性分析

林龄/年	项目	$G_s/[mmol/(m^2 \cdot s)]$	$C_i/(\mu mol/mol)$	L_s	$T_r/[mmol/(m^2 \cdot s)]$	V_{pdL}/kPa
4	$P_n/[\mu mol/(m^2 \cdot s)]$	−0.223	−0.439	0.440	0.708**	0.652**
11	$P_n/[\mu mol/(m^2 \cdot s)]$	−0.067	−0.671**	0.693**	0.459	0.487**
25	$P_n/[\mu mol/(m^2 \cdot s)]$	−0.095	−0.614**	0.614**	−0.340	−0.242
37	$P_n/[\mu mol/(m^2 \cdot s)]$	0.710**	0.387	−0.310	−0.008	−0.565*

4.2.1.2 不同林龄乌柳的光响应曲线及特征参数

由图4.2可以看出，采用 Michaelis-Menten 模型对各林龄乌柳光响应参数进行拟合，结果良好。各林龄乌柳 P_n 随 PAR 变化趋势基本一致，在 $200\mu mol/(m^2 \cdot s)$ 内，随着 PAR 增强，P_n 迅速增大；PAR 大于 $200\mu mol/(m^2 \cdot s)$ 时，P_n 缓慢增加，达到一定值后基本稳定。

由表4.4可以看出，4个林龄乌柳光响应参数中，除 P_{nmax} 以外，其他参数值间差异显著（$P<0.05$）。11年生乌柳 α 值显著高于其他3个林龄乌柳（$P<0.05$），这与其 LCP 在4个林龄中数值最低是相耦合的；11年生乌柳 LSP 值显著低于25年生

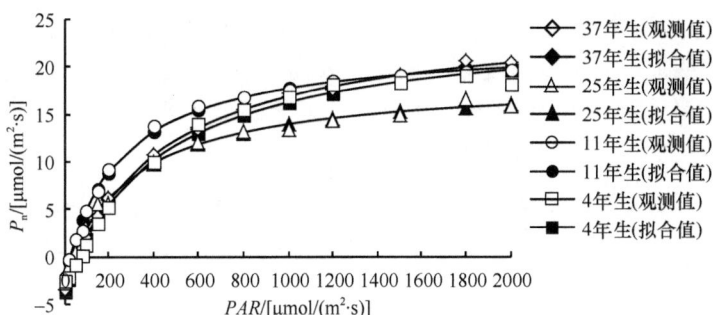

图 4.2　不同林龄乌柳光合-光响应曲线

表 4.4　不同林龄乌柳净光合速率光响应曲线模拟参数比较

林龄/年	P_{nmax}/ [μmol/(m²·s)]	α/ (μmol/μmol)	LCP/ [μmol/(m²·s)]	LSP/ [μmol/(m²·s)]	R_d/ [μmol/(m²·s)]	R^2
4	28.18±3.59a	0.068±0.008b	60.30±5.52a	2138.78±118.28ab	-3.62±0.32a	0.985
11	25.10±1.26a	0.105±0.010a	25.76±4.45b	1363.02±199.98b	-2.42±0.11b	0.993
25	21.25±0.80a	0.076±0.005b	42.44±1.37ab	2432.39±228.32a	-2.64±0.26b	0.992
37	29.01±4.16a	0.071±0.006b	56.32±3.89a	2819.92±214.84a	-3.47±0.19a	0.992

和 37 年生乌柳（$P<0.05$），表明其利用强光的能力较弱；4 年生和 37 年生乌柳 R_d 的绝对值显著大于 11 年生和 25 年生乌柳（$P<0.05$），表明其生理活性较高。

4.2.1.3　不同林龄乌柳 CO_2 响应曲线及特征参数

采用 Michaelis-Menten 模型对各林龄乌柳 CO_2 响应参数进行拟合，结果良好（图 4.3）。各林龄乌柳 P_n 随 CO_2 变化趋势基本一致：在 200μmol/mol 内，随着 CO_2 浓度增加，P_n 迅速增大；CO_2 浓度大于 200μmol/mol 时，P_n 缓慢增加，达到一定值后基本稳定。

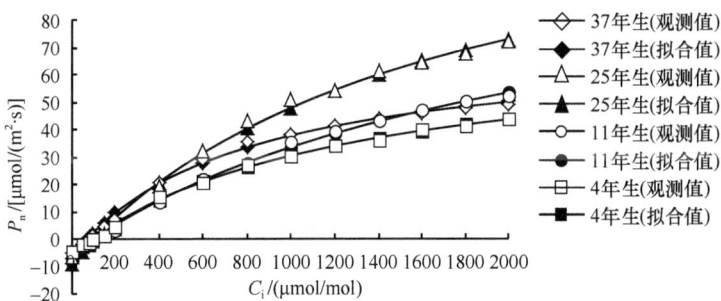

图 4.3　不同林龄乌柳光合-CO_2 响应曲线

由表 4.5 可以看出，4 个林龄乌柳 CO_2 响应参数间均产生了显著差异（$P<0.05$）。11 年生和 25 年生乌柳 A_{max} 值显著高于 4 年生和 37 年生乌柳（$P<0.05$）；11 年生乌柳 a 值显著低于其他 3 个林龄的乌柳（$P<0.05$），与实际观测的各林龄

低浓度 CO_2 下 P_n 值是一致的；37 年生乌柳 CCP 和 CSP 明显低于 11 年生和 25 年生乌柳，表明前者利用低浓度 CO_2 的能力要高于后者，但其利用高浓度 CO_2 的能力要低于后者；25 年生乌柳 R_p 值的绝对值显著高于 4 年生和 11 年生乌柳（$P<$ 0.05），表明 25 年生乌柳对强光的耐受性较强。

表 4.5　不同林龄乌柳净光合速率 CO_2 响应曲线模拟参数比较

林龄/年	A_{max}/ [μmol/(m²·s)]	a/ (μmol/μmol)	CCP/ (μmol/mol)	CSP/(μmol/mol)	R_p/ [μmol/(m²·s)]	R^2
4	77.92±15.86b	0.069±0.014a	94.86±5.78ab	1854.75±91.35bc	−5.90±0.80b	0.987
11	128.40±29.09a	0.061±0.015b	104.44±12.30a	3837.42±771.18a	−5.77±0.92b	0.993
25	149.57±12.50a	0.094±0.006a	100.32±5.19a	3179.41±524.81ab	−8.78±0.23a	0.991
37	78.80±3.43b	0.106±0.013a	73.42±1.90b	1384.40±57.71c	−7.12±0.94ab	0.990

4.2.1.4　不同林龄乌柳叶绿素荧光参数

不同林龄乌柳 F_v/F_m、Φ_{PSII}、q_P、NPQ 等指标的日均值比较见表 4.6。由表 4.6 可知，各林龄乌柳叶绿素荧光参数日均值间差异显著（$P<0.05$）。11 年生乌柳 F_v/F_m 日均值显著低于 4 年生和 37 年生乌柳（$P<0.05$）；4 年生乌柳 Φ_{PSII} 日均值显著低于其他 3 个林龄乌柳（$P<0.05$）；4 年生乌柳 q_P 日均值显著低于 11 年生和 25 年生乌柳（$P<0.05$）；4 年生乌柳 NPQ 日均值显著高于其他 3 个林龄乌柳（$P<0.05$），37 年生乌柳 NPQ 日均值显著高于 11 年生乌柳（$P<0.05$）。

表 4.6　不同林龄乌柳叶绿素荧光参数日均值比较

林龄/年	F_v/F_m	Φ_{PSII}	q_P	NPQ
4	0.776±0.001a	0.312±0.029b	0.528±0.065b	5.742±0.176a
11	0.765±0.002b	0.446±0.014a	0.686±0.016a	3.644±0.176c
25	0.771±0.005ab	0.431±0.037a	0.674±0.048a	3.959±0.095bc
37	0.778±0.001a	0.412±0.035a	0.595±0.058ab	4.392±0.304b

由图 4.4 可以看出，4 个林龄乌柳 F_v/F_m 均表现为早晨较高，其后降低，25 年生 12:00 后开始回升，11 年生 14:00 后开始回升，4 年和 37 年 16:00 后开始回升。Φ_{PSII} 和 F_v/F_m 的变化规律并不一致，表明植物潜在的最大光量子产量并不能代表实际的光量子产量，Φ_{PSII} 更能反映植物在特定环境条件下的生理活性状态及 PSII 电子传递链的实际情况。各林龄 q_P 的变化曲线不尽相同，11 年生和 25 年生乌柳 q_P 的变化趋势大体一致，均为早晨较高，随后逐渐降低，10:00~12:00 降至最低值，其后又开始回升；4 年生和 37 年生乌柳则为早晨较低，随后逐渐上升，12:00 达到一个峰值，随后快速下降，14:00 达到最低值，其后又开始回升。4 个林龄乌柳 NPQ 变化曲线不尽相同，11 年生、25 年生和 37 年生乌柳 NPQ 的变化趋势大体一致，均为早晨较低，随后逐渐上升，10:00~14:00 达到最高值，其后又开始下降；4 年生乌柳则为早晨较高，随后有所降低，10:00 达到一个低谷，随后快速上

升，14:00 达到最高值，其后又开始下降。

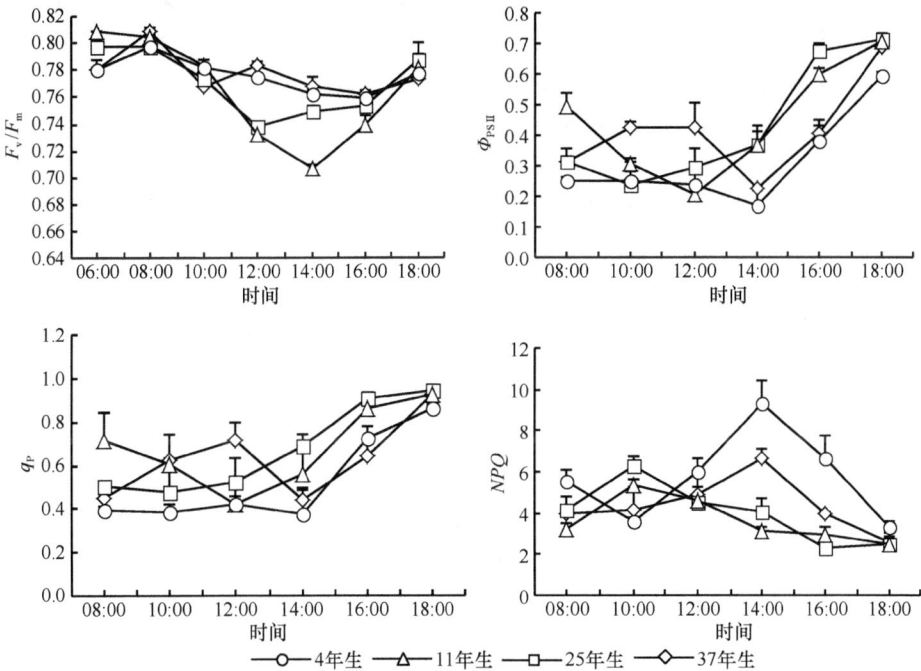

图 4.4　不同林龄乌柳叶绿素荧光参数日变化

4.2.1.5　小结

通过对 4 个林龄乌柳的光合生理特征参数进行对比分析，以了解林龄的变化对乌柳光合能力的影响。结果表明：25 年生和 37 年生乌柳 P_n 日变化为双峰曲线，出现了光合"午休"现象；4 年生和 11 年生乌柳 P_n 日变化为单峰曲线。4 个林龄乌柳 P_n、T_r 和 WUE_t 日均值间产生了显著差异，11 年生和 25 年生乌柳 P_n 和 T_r 日均值显著高于 4 年生和 37 年生乌柳，而 4 年生乌柳 WUE_t 日均值显著高于 11 年生、25 年生和 37 年生乌柳。采用 Michaelis-Menten 模型对各林龄乌柳光响应和 CO_2 响应参数拟合良好，11 年生乌柳 α 值显著高于其他 3 个林龄乌柳，4 年生和 37 年生乌柳 R_d 绝对值显著大于 11 年生和 25 年生乌柳；11 年生和 25 年生乌柳 A_{max} 值显著高于 4 年生和 37 年生乌柳。叶绿素荧光参数中，11 年生和 25 年生乌柳 Φ_{PSII}、q_P 日均值显著高于 4 年生乌柳，4 年生乌柳 NPQ 日均值显著高于其他 3 个林龄乌柳，37 年生乌柳 NPQ 日均值显著高于 11 年生乌柳。

4.2.2　不同林龄乌柳水分生理特性及叶性状特征

在干旱、半干旱地区，水分是影响植物生长与分布最主要的限制因子，干旱区植物的水分生理特征历来是植物水分关系中研究的重点（张国盛，2000；李吉跃和翟洪波，2000）。植物的抗旱性强弱是限制植株生长的重要因素，其研究结果可为选择合适的植物种进行荒漠化防治提供理论依据。叶片是植物与外界环境进行物质与能量交换的主要器官，叶片结构型性状在特定的环境背景下保持稳定，反映了植物体在长期进化过程中对其生存环境的适应和竞争能力，具有重要的生态学和生物进化意义（张林和罗天祥，2004）。例如，比叶面积的减少可以降低植物的水分散失速率，使植物叶片具备更强的抗旱能力和更长的叶寿命（张林和罗天祥，2004；郑志兴等，2011）。

对共和盆地不同林龄乌柳水分生理及叶性状特征参数进行系统的比较研究，探讨不同林龄乌柳在相同气候条件下各参数表现出的相似性及差异性，揭示不同林龄乌柳对当地特殊环境的生长适应性有何差异，不同林龄乌柳群落是否出现退化趋势及处于哪个龄级的乌柳有着更强的生存能力。

4.2.2.1 不同林龄乌柳水势日变化

4个林龄乌柳叶水势日变化趋势基本一致（图4.5）：06:00时各林龄乌柳水势均保持在较高水平，方差分析结果表明，此时各林龄乌柳水势无显著差异（$P>0.05$）。随着光强、温度及植物蒸腾逐渐增强，水势逐渐降低，15:00时各林龄乌柳水势降至一天中的最低值，方差分析结果表明，此时各林龄乌柳水势差异显著，多重比较的结果显示，37年生乌柳水势显著低于11年生和25年生乌柳（$P<0.05$）。傍晚光照减弱，气温降低，植物蒸腾减弱，水势又有所回升，方差分析结果表明，各林龄乌柳18:00时水势差异显著，多重比较的结果显示，37年生乌柳水势显著低于其他3个林龄乌柳（$P<0.05$）。4个林龄（林龄从小到大，下同）乌柳水势日均值分别为-6.53bar[①]、-6.33bar、-5.60bar、-8.20bar，方差分析结果表明，各林龄乌柳水势日均值差异显著，多重比较结果显示，37年生乌柳水势日均值显著低于其他3个林龄乌柳（$P<0.05$），4年生和11年生乌柳水势日均值显著低于25年生乌柳（$P<0.05$）（图4.6）。

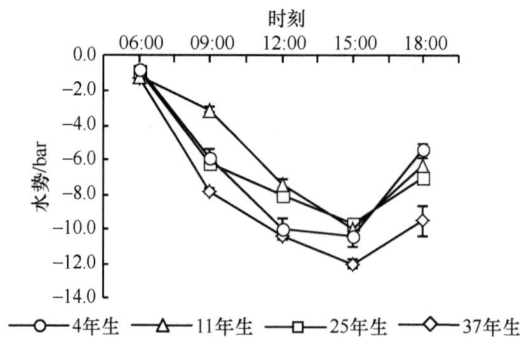

图 4.5 不同林龄乌柳叶水势日变化

---

① 1bar=10^5Pa，下同

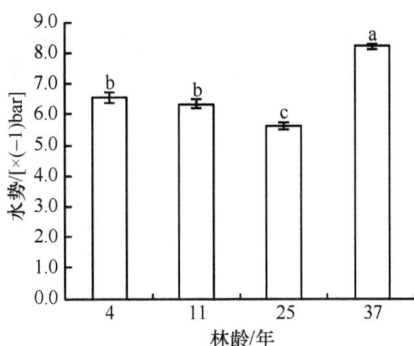

图 4.6　不同林龄乌柳水势日均值比较

不同小写字母表示不同林龄间差异显著（$P<0.05$），下同

4.2.2.2　不同林龄乌柳林叶片相对水分亏损和保水力

相对水分亏损表示植物达到充分饱和状态所需要的水量。通常，在同一环境条件下，植物相对水分亏损越小，表明其受旱程度越小，抗旱能力越强。4 个林龄乌柳叶片相对水分亏损大小分别为 40.35%、38.91%、43.12%、36.71%，方差分析结果表明，各林龄乌柳叶片相对水分亏损无显著差异（$P>0.05$）（图 4.7）。

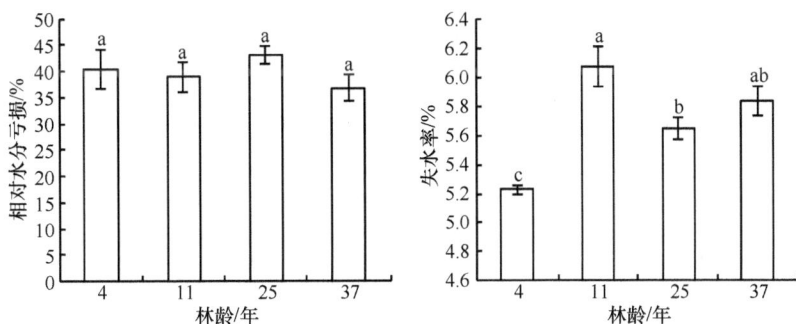

图 4.7　不同林龄乌柳叶片相对水分亏损和失水率比较

叶片保水力反映了植物组织抗脱水的能力，是植物体对干旱胁迫的最早反应和耐旱方式。叶片保水力强说明植株细胞内原生质亲水能力高，在自然状态下水分散失慢，容易度过干旱时期。通常，植物保水力可用离体叶片一定时间内的失水率来衡量，失水率越小，保水能力越好。4 个林龄乌柳叶片 24h 失水率大小分别为 5.23%、6.08%、5.65%、5.84%，方差分析结果表明，各林龄乌柳叶片失水率差异显著（图 4.7），多重比较的结果显示，4 年生乌柳失水率显著低于其他 3 个林龄乌柳（$P<0.05$），25 年生乌柳失水率显著低于 11 年生乌柳（$P<0.05$）。

4.2.2.3　不同林龄乌柳林 SLA、N_{mass}、P_{mass} 和 N_{mass}/P_{mass}

4 个林龄乌柳 SLA 大小分别为 114.95cm²/g、141.83cm²/g、135.19cm²/g、

138.01cm^2/g，方差分析结果表明，各林龄乌柳 SLA 产生了显著差异（图 4.8），多重比较的结果显示，4 年生乌柳 SLA 显著低于其他 3 个林龄乌柳（$P<0.05$）。

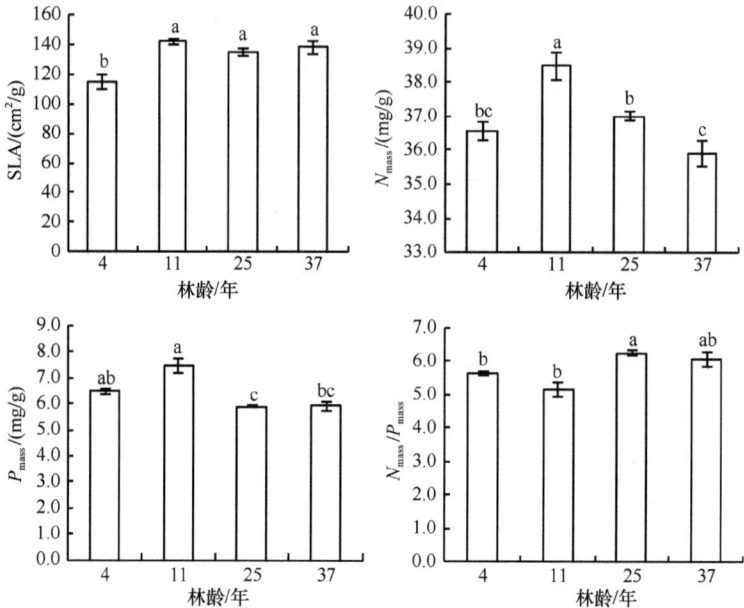

图 4.8　不同林龄乌柳比叶面积、叶氮含量、叶磷含量和叶氮磷比比较

4 个林龄乌柳叶片 N_{mass} 大小分别为 36.55mg/g、38.49mg/g、37.01mg/g、35.92mg/g，P_{mass} 大小分别为 6.47mg/g、7.50mg/g、5.91mg/g、5.93mg/g，N_{mass}/P_{mass} 大小分别为 5.66、5.16、6.26、6.08。方差分析结果表明，各林龄乌柳叶片 N_{mass}、P_{mass} 及 N_{mass}/P_{mass} 均产生了显著差异（图 4.8），多重比较的结果显示，11 年生乌柳 N_{mass} 显著高于其他 3 个林龄乌柳（$P<0.05$），25 年生乌柳 N_{mass} 显著高于 37 生乌柳（$P<0.05$）；11 年生乌柳 P_{mass} 显著高于 25 年生和 37 年生乌柳（$P<0.05$），4 年生乌柳 P_{mass} 显著高于 25 年生乌柳（$P<0.05$）；25 年生乌柳 N_{mass}/P_{mass} 显著高于 4 年生和 11 年生乌柳（$P<0.05$）。

4 个林龄乌柳 N_{mass} 与 P_{mass} 之间存在显著正相关关系（$P<0.05$）；P_{mass} 与 N_{mass}/P_{mass} 之间存在极显著负相关关系（$P<0.01$），P_{mass} 与林龄之间存在显著负相关关系（$P<0.05$）；N_{mass}/P_{mass} 与林龄之间存在显著正相关关系（$P<0.05$）（图 4.9）。

4.2.2.4　小结

通过对 4 个林龄乌柳的水分生理及叶性状参数进行分析，以了解林龄的变化对乌柳各参数值的影响，结果如下。

（1）各林龄乌柳相对水分亏损无显著差异。37 年生乌柳水势日均值显著低于其他 3 个林龄乌柳，4 年生和 11 年生乌柳水势日均值显著低于 25 年生乌柳，37

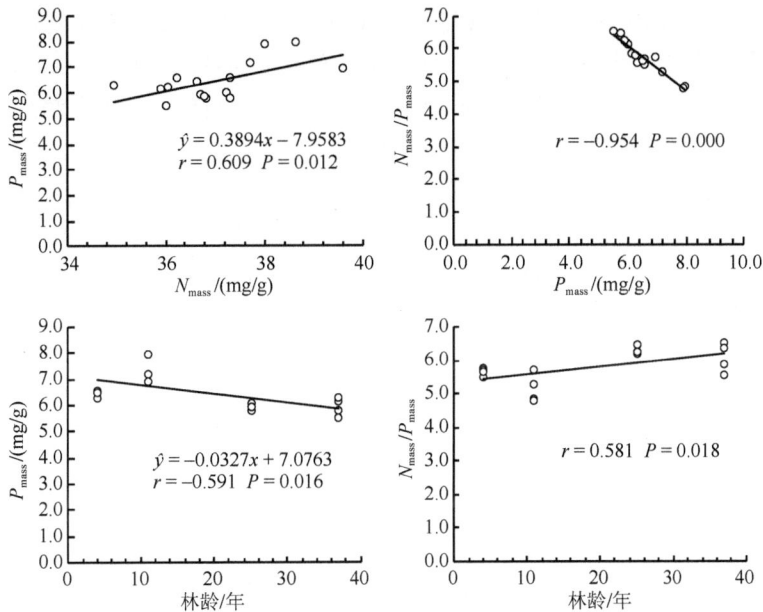

图 4.9　不同林龄乌柳叶性状间及叶性状与林龄间的相关关系

年生乌柳在日尺度上受到严重的水分胁迫。4 年生乌柳失水率显著低于其他 3 个林龄乌柳，25 年生乌柳失水率显著低于 11 年生乌柳，4 年生和 25 年生乌柳的抗旱能力相对较强。

（2）4 个林龄乌柳 *SLA* 差异显著，4 年生乌柳 *SLA* 显著低于其他 3 个林龄乌柳，表明其水分利用效率较高。4 个林龄乌柳 N_{mass} 产生了显著差异，11 年生乌柳 N_{mass} 显著高于其他 3 个林龄乌柳，25 年生乌柳 N_{mass} 显著高于 37 年生乌柳，表明 11 年生和 25 年生乌柳的光合能力较强。4 个林龄乌柳 P_{mass} 产生了显著差异，11 年生乌柳 P_{mass} 显著高于 25 年生和 37 年生乌柳，4 年生乌柳 P_{mass} 显著高于 25 年生乌柳，P_{mass} 与林龄呈显著负相关，叶片中磷素的这种变化规律主要与土壤磷素的获得途径单一及植物凋落物中的磷素较难矿化和释放有关。4 个林龄乌柳 N_{mass}/P_{mass} 为 5.16~6.26，远远低于 14，说明此地区乌柳林的生长发育严重受到氮素缺乏的制约。4 个林龄乌柳 N_{mass}/P_{mass} 与林龄之间表现出显著正相关关系，25 年生和 37 年生乌柳 N_{mass}/P_{mass} 值相对较高，且 25 年生乌柳 N_{mass}/P_{mass} 显著高于 4 年生和 11 年生乌柳 N_{mass}/P_{mass}，这主要与土壤中凋落物的数量逐渐增加及凋落物中氮素比磷易矿化和释放有关。4 个林龄乌柳 N_{mass} 与 P_{mass} 呈显著正相关，P_{mass} 与 N_{mass}/P_{mass} 呈极显著负相关。

4.2.3　不同林龄乌柳林林下生物多样性研究

植物多样性作为植被群落的重要特征，可以反映群落内部及其与周围环境关系的变化，是认识生态系统结构和功能变化的基础。林龄反映着植物群落的抗逆性、完整性及演替的进程等状况，林龄不同，其林下物种的多样性也会有差异（刘彤等，2010）。林下植被由灌木层和草本层共同组成，是林分的重要组成部分，林下灌草层对于水土保持、物质循环、维护群落物种多样性和生态稳定性，以及揭示植被演替等方面具有重要作用（冯耀宗，2003；褚建民等，2007）。分析不同林龄乌柳林林分结构（密度、郁闭度、盖度、树高等）、林下植被物种组成、优势种、生活型结构、物种多样性和地上生物量等产生差异的原因，为高寒干旱、半干旱荒漠化地区的乌柳林的植被建设、保护与经营提供参考。

4.2.3.1 不同林龄乌柳林林下物种科、属组成分析

在本次调查的研究区乌柳林林下 64 个草本样方中，共计出现植物 9 科 19 属 20 种，其中包括菊科 5 属 6 种，占调查物种总数的 30%；藜科植物次之，共 4 属 4 种，占调查物种总数的 20%；豆科植物 3 属 3 种，占调查物种总数的 15%；禾本科植物 2 属 2 种，占调查物种总数的 10%；此外依次有莎草科、蓼科、蔷薇科、十字花科、胡颓子科植物各 1 属 1 种。

乌柳林林下植被恢复过程中，不同阶段群落的物种组成不断发生变化，科、属组成也表现出一定的规律，不同科、属的植物种类及其在群落中的作用随着乌柳林林龄的变化而有所不同。根据野外调查资料，各样地物种科、属组成如表 4.7 所示。4 年生乌柳林林下有植物 10 种，隶属于 6 科 10 属，优势科为菊科（3 属 3 种）和藜科（3 属 3 种），占群落总物种数的 60.0%。11 年生乌柳林林下有植物 10 种，隶属于 7 科 10 属，优势科为禾本科（2 属 2 种）、菊科（2 属 2 种）和豆科（2 属 2 种），占群落总物种数的 60.0%。25 年生乌柳林林下有植物 9 种，隶属于 5 科 9 属，优势科为菊科（4 属 4 种）和豆科（2 属 2 种），占群落总物种数的 66.7%。37 年生乌柳林林下有植物 15 种，隶属于 8 科 14 属,其中优势科为菊科（3 属 4 种）、

表 4.7 不同林龄乌柳林林下物种科、属组成

科名	4 年		11 年		25 年		37 年	
	属数	种数	属数	种数	属数	种数	属数	种数
禾本科	1	1	2	2	1	1	2	2
菊科	3	3	2	2	4	4	3	4
豆科	1	1	2	2	2	2	2	2
莎草科	1	1	1	1	1	1	1	1
蔷薇科	0	0	1	1	0	0	1	1
藜科	3	3	0	0	1	1	3	3
胡颓子科	0	0	0	0	0	0	1	1
十字花科	0	0	1	1	0	0	1	1
蓼科	1	1	1	1	0	0	0	0
总计	10	10	10	10	9	9	14	15

藜科（3 属 3 种）、禾本科（2 属 2 种）和豆科（2 属 2 种），占群落总物种数的 73.3%。可以看出，菊科、藜科、豆科和禾本科为乌柳林林下植被组成的优势科，这与整个共和盆地的植物区系物种组成的特征基本是一致的（吴玉虎，2007）。

4.2.3.2　不同林龄乌柳林林下物种重要值

重要值是以综合数值来反映不同植物种在群落中的地位和作用，其大小是确定优势种和建群种的重要依据。从表 4.8 可以看出，4 年生、11 年生和 25 年生乌柳林林下植物群落重要值最大的物种都为赖草，3 个林龄乌柳林林下植被群落均为单优势种群落。随着乌柳林龄的增加，赖草的重要值表现出不断降低的趋势，次优势种及伴生种的重要值表现出不断升高的趋势。4 年生乌柳林林下植物群落物种重要值大于 3 的有 4 个。11 年生乌柳林林下植物群落物种重要值大于 3 的有 8 个。25 年生乌柳林林下植物群落物种重要值大于 3 的有 4 个，特别是冷蒿种群的重要值达到了 32.62，成为仅次于赖草的亚优势种。37 年生乌柳林林下植物群落物种重要值大于 3 的物种有 7 个，其中重要值最大的为冷地早熟禾，为 27.98，此时赖草种群的

表 4.8　不同林龄乌柳林林下物种重要值

物种	重要值			
	4 年	11 年	25 年	37 年
赖草（禾本科-赖草属）*Leymus secalinus*	73.97	47.25	42.71	27.54
冷地早熟禾（禾本科-早熟禾属）*Poa crymophila*		1.79		27.98
蒲公英（菊科-蒲公英属）*Taraxacum mongolicum*	0.39	0.39	0.19	0.34
阿尔泰狗娃花（菊科-狗娃花属）*Heteropappus altaicus*	0.18		6.20	9.57
小蓟（菊科-蓟属）*Cirsium setosum*	3.42			
油蒿（菊科-蒿属）*Artemisia ordosica*		5.78		5.49
紫菀（菊科-紫菀属）*Aster tataricus*			0.44	
冷蒿（菊科-蒿属）*Artemisia frigida*			32.62	7.99
青海猪毛菜（藜科-猪毛菜属）*Salsola chinghaiensis*	1.07			0.10
沙蓬（藜科-沙蓬属）*Agriophyllum squarrosum*	0.11			2.20
碱蓬（藜科-碱蓬属）*Suaeda glauca*	0.63			0.43
灰绿藜（藜科-藜属）*Chenopodium glaucum*			0.25	
披针叶黄华（豆科-野决明属）*Thermopsis lanceolata*	1.73		2.22	3.66
多枝黄耆（豆科-黄耆属）*Astragalus polycladus*		3.65	13.77	11.84
镰形棘豆（豆科-棘豆属）*Oxytropis falcata*		11.11		
青藏薹草（莎草科-薹草属）*Carex moorcroftii*	11.67	13.37	1.64	1.94
西伯利亚蓼（蓼科-蓼属）*Polygonum sibiricum*	6.84	3.08		
二裂委陵菜（蔷薇科-委陵菜属）*Potentilla bifurca*		8.80		0.21
独行菜（十字花科-独行菜属）*Lepidium apetalum*		4.77		0.16
西藏沙棘（胡颓子科-沙棘属）*Hippophae thibetana*				0.58

重要值降至最低，但仍达到 27.54，与冷地早熟禾的重要值相差无几，林下植物群落成为冷地早熟禾和赖草两物种组成的共优种群落。林下植被的生长状况是林分环境的综合体现，植被的优势种能反映生境的基本特征。不同林龄乌柳林林下重要值较大的物种不尽相同，说明不同林龄乌柳不同的生长状况对林下植被造成了不同的影响，各林龄乌柳样地间存在着生境差异，适合不同种类的植物生长。

4.2.3.3 不同林龄乌柳林林下物种生活型结构

从林下物种生活型组成看（表 4.9），各林龄乌柳林林下植物群落物种组成中多年生草本植物占绝对优势且基本保持稳定。随着演替的进行，生活型组成趋于多样化，半灌木、灌木开始出现在林下植物群落中，其种类逐渐增加，所占的比例也不断增加。演替各阶段中多年生植物的单种重要值明显大于一年生植物，表明多年生植物对群落生态功能的维持起重要作用，在群落环境演变和植物演替中居主导地位。

表 4.9 不同林龄乌柳林林下物种生活型结构

林龄/年	一或二年生草本			多年生草本			灌木		
	种数	比例/%	重要值	种数	比例/%	重要值	种数	比例/%	重要值
4	3	30.0	1.81	7	70.0	98.20			
11	1	10.0	4.77	8	80.0	89.44	1	10.0	5.78
25	1	11.1	0.25	7	77.8	67.17	1	11.1	32.62
37	4	26.7	2.89	8	53.3	83.08	3	20.0	14.06

4.2.3.4 不同林龄乌柳林林下物种多样性差异

由图 4.10 中可以看出，各林龄乌柳林林下植物群落间丰富度指数、多样性指数、均匀度指数及优势度指数间均产生了显著差异。其中，物种丰富度指数（*Patrick* 指数，*S* 指数）在 4 年生、11 年生和 25 年生乌柳林林下植物群落间差异不显著（$P>0.05$），但总体上仍表现出增加的趋势。37 年生乌柳林林下植物群落的物种丰富度指数（*S* 指数）显著高于其他 3 个林龄的乌柳（$P<0.05$），表明 37 年生乌柳林林下植物群落的物种数有较大幅度的增加。4 个林龄乌柳林林下植物群落的物种多样性指数（Shannon-Wiener 指数，*H* 指数）总体上呈不断增加的趋势，表明群落的结构趋于复杂化。与物种丰富度指数相比，4 个林龄乌柳林林下植物群落的 Shannon-Wiener 指数变化更加敏感。其中，37 年生乌柳林林下植物群落的 Shannon-Wiener 指数显著高于其他 3 个林龄的乌柳林（$P<0.05$），25 年生乌柳林林下植物群落的 Shannon-Wiener 指数显著高于 4 年生乌柳林（$P<0.05$）。4 年生乌柳林林下植物群落的均匀度指数（Pielou 指数，*J* 指数）显著低于其他 3 个林龄的乌柳（$P<0.05$），表明此阶段林下植被群落中的优势种对群落结构和功能起着决定性的作用。11 年生、25 年生和 37 年生乌柳林林下植物群落的 Pielou

指数无显著差异（$P>0.05$），但随着林龄的增加，各群落样地中 Pielou 指数呈现不断增加的趋势，说明群落植物组成向着物种均匀化的方向发展。4 个林龄乌柳林林下植物群落的生态优势度指数（Simpson 指数，D 指数）的变化趋势与Shannon-Wiener 指数基本一致，均表现为随着林龄的增加而不断增加，表明优势种的地位和作用不断下降，集中性不断降低，植物群落的组成和结构更加稳定。其中，37 年生乌柳林林下植物群落的 Simpson 指数显著高于其他 3 个林龄的乌柳（$P<0.05$），25 年生乌柳林林下植物群落的 Simpson 指数显著高于 4 年生乌柳（$P<0.05$）。随着林龄的增加，林下植物群落的物种丰富度指数、多样性指数均表现出不断上升的趋势且群落中优势种的重要值不断降低，演替后期的群落表现出了越来越高的均匀度，林下植被群落的结构趋于稳定。

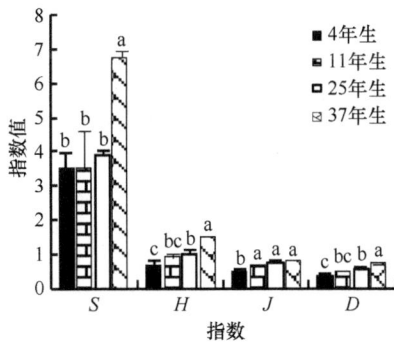

图 4.10　不同林龄乌柳样地林下植物多样性指数

4.2.3.5　不同林龄乌柳林林下植被群落相似性分析

群落相似性系数的计算结果表明（表 4.10），4 年生乌柳林林下植物群落和 11 年生、25 年生和 37 年生乌柳林林下植物群落的相似性系数分别为 0.7848、0.7045 和 0.6777，群落之间的相似性系数逐渐变小，表明随着演替的进行，不同恢复年限乌柳林林下植物物种组成差异越来越大，群落之间的生态距离变远。11 年生和 25 年生乌柳林林下植物群落的相似性系数为 0.6149，明显小于 11 年生和 37 年生乌柳林林下植物群落的相似性系数 0.8065，表明相对于 25 年生乌柳林林下的环境条件，11 年生与 37 年生乌柳林林下的环境条件更为相似、共有种更多。同时，25 年生乌柳林林下植物群落与 37 年生乌柳林林下植物群落的相似性系数为 0.8112，是所有林龄乌柳林林下植被相似性系数的最大值，表明 25 年生和 37 年生乌柳林林下的环境条件虽有一定程度的差异，但两群落中共有优势种的地位和作用明显，故其相似性系数值最大。从表 4.10 中还可以看出，随着乌柳林林龄的增加，林下植物群落与当地荒漠草原优势灌木毛刺锦鸡儿（*Caragana tibetica*）群落样地的相似性系数大体上呈逐渐增加的趋势，表明其群落物种组成与地带性灌木树种样地中植被物种的组成、结构越来越接近。

表 4.10　不同林龄乌柳林林下植被群落相似性系数

林龄/年	11	25	37	Ct
4	0.7848	0.7045	0.6777	0.6246
11		0.6149	0.8065	0.7386
25			0.8112	0.6829
37				0.8051

注：Ct 代表毛刺锦鸡儿（*Caragana tibetica*）植物群落

4.2.3.6　不同林龄乌柳林林下植被地上生物量和盖度变化

通过对各林龄乌柳林林下群落植被生长旺期的地上生物量和植被群落盖度进行调查，4 个林龄（从小到大）乌柳林林下样方中的生物量分别为 14.01g/m^2、29.62g/m^2、14.89g/m^2、56.02g/m^2，林下植被群落盖度分别为 4.28%、9.66%、6.89%、14.59%。各样地中地上生物量和盖度具有显著差异（$P<0.05$）（图 4.11），多重比较的结果表明，37 年生乌柳林林下植物群落的生物量和盖度值显著高于其他 3 个林龄的乌柳（$P<0.05$），11 年生乌柳林林下植物群落的生物量和盖度值显著高于 4 年生和 25 年生乌柳（$P<0.05$），25 年生乌柳林林下植物群落的盖度值显著高于 4 年生乌柳（$P<0.05$）。总体来看，演替初期的乌柳林林下植物群落的地上生物量和盖度均较低，演替中期乌柳林林下植物群落的地上生物量和盖度呈现先增加后降低的趋势，而演替后期乌柳林林下植物群落的地上生物量和盖度值均较高，达到了最大值。

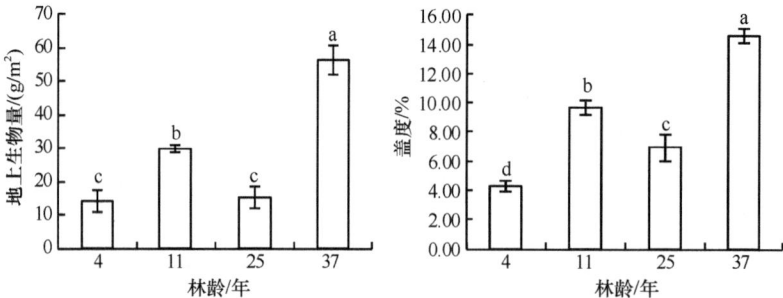

图 4.11　不同林龄乌柳林林下植被地上生物量和盖度

4.2.3.7　小结

采用样方调查法，对不同林龄乌柳林林下植被恢复过程中群落物种组成、物种多样性变化规律等进行了对比分析，结果如下。

（1）乌柳林林下植被恢复过程中，菊科、藜科、豆科和禾本科为乌柳林林下植被组成的优势科。这与整个共和盆地的植物区系物种组成的特征基本是一致的。

（2）4 个林龄乌柳林林下重要值较大（重要值>3）的物种不尽相同，赖草在各林龄乌柳林林下植物群落中均以优势种的地位出现。随着乌柳林龄的增加，赖草的重要值表现出不断降低的趋势，次优势种及伴生种的重要值表现出不断升高的趋势。

（3）随着林龄的增加，一些在流动、半流动沙地中出现的一年生植物逐渐从群落中消失，小灌木、半灌木开始出现在林下植被群落中。多年生植物种数稳定增加，且演替各阶段多年生物种的单种重要值明显大于一年生植物。这表明多年生植物在林下群落功能维持中起着重要作用。

（4）4 个林龄乌柳林林下植物群落间多样性指数、均匀度指数及优势度指数间均产生了显著差异。随着林龄的增加，林下植物群落的丰富度指数、多样性指数均表现出不断上升的趋势。而且，群落中优势种的重要值不断降低，演替过程中群落的均匀度不断增加，林下植物群落的结构逐渐趋于稳定，生态系统功能也不断增强。

（5）随着林龄的增加，乌柳林林下植物群落与当地荒漠草原优势灌木毛刺锦鸡儿群落样地的相似性系数大体上呈逐渐增加的趋势，表明其群落物种组成与地带性灌木树种样地中的群落物种的组成、结构越来越接近。

（6）演替初期的乌柳林林下植物群落的地上生物量和盖度均较低。演替中期乌柳林林下植物群落的地上生物量和盖度呈现先增加后降低的趋势。演替后期乌柳林林下植物群落的地上生物量和盖度值均较高，达到了最大值。

4.2.4　不同林龄乌柳林对土壤特性的影响

土壤作为生态系统重要的组成部分，是植被生存的物质基础，土壤为植被的生长提供了养分与水分，是生态系统中能量交换与物质循环的重要场所，在开展植被恢复过程中，植被与土壤之间的交互作用也被看作一个动态变化的过程，这种交互过程能够通过土壤理化性质在恢复过程中的不断变化体现出来（杨晓晖等，2005；占布拉等，2010；张瑞等，2010）。土壤结构与养分状况是衡量退化生态系统功能恢复的关键指标，因此，研究植被对土壤的改良作用是深入研究沙地生态系统的服务功能的基础，土壤有机质、土壤有机碳、土壤全氮及土壤速效养分作为土壤养分的重要组成部分，是衡量土壤质量的重要指标，而土壤孔性能够反映土壤孔隙总容积的大小，反映土壤质地的变化。

荒漠生态系统恢复与重建的本质是植被的恢复与重建，而在气候条件较为恶劣的高寒沙地，乌柳作为该地区植被恢复的主要树种，对高寒沙地防治沙化蔓延及生态环境恢复发挥着重要作用。因此，对不同林龄（6 年生、11 年生、16 年生和 21 年生）乌柳人工林土壤理化性质进行研究，以此来阐明高寒沙地在荒漠化土地逆转过程中的土壤环境变化特征，揭示植被恢复对土壤的改良效应，为沙地生态服务功能中的改良土壤提供依据。

4.2.4.1　不同林龄乌柳林土壤有机质（SOM）含量变化特征

各林龄乌柳林与丘间低地（CK）土壤有机质含量变化如图 4.12 所示，由图

4.12 可知，不同林龄乌柳林土壤有机质含量随恢复时间的延长呈增加趋势。方差分析说明，恢复年限对不同林龄土壤有机质有显著影响（$P<0.05$），且同一林龄不同深度差异不同。在 0~10cm，各林龄土壤有机质含量均显著高于丘间低地（$P<0.05$），21 年生与 16 年生显著高于 11 年生乌柳林，且 11 年生显著高于 6 年生乌柳林（$P<0.05$），具体表现为 21 年生＞16 年生＞11 年生＞6 年生＞CK。各林龄土壤有机质分布均呈现出一定的表聚性，除 6 年生与 CK 外均在表层达到最高。10~20cm，21 年生与 16 年生无显著差异，但显著高于 11 年生和 6 年生（$P<0.05$），11 年生与 6 年生之间土壤有机质含量差异不显著（$P>0.05$），较之其他各层，6 年生乌柳林在该层有机质含量最高。20~30cm，各林龄之间土壤有机质含量差异显著（$P<0.05$），6 年生显著高于 11 年生（$P<0.05$），而 11 年生与丘间低地在该层差异不显著（$P>0.05$），21 年生土壤有机质含量最高。30~50cm，21 年生乌柳林土壤有机质含量显著高于 11 年生和 6 年生（$P<0.05$），但与 16 年生差异不显著（$P>0.05$），16 年生显著高于 6 年生乌柳林（$P<0.05$），但 16 年生与 11 年生，以及 11 年生与 6 年生之间无显著差异（$P>0.05$）。而在 50~100cm，11 年生与 6 年生之间差异显著（$P<0.05$），其他林龄变化与 30~50cm 一致。100~150cm，6 年生与 CK 之间无显著差异（$P>0.05$），21 年生与 16 年生之间无显著差异（$P>0.05$），这也与 150~200cm 深度变化相同。各林龄土壤有机质含量变化与 50~100cm 相同。随植被恢复年限的增加，土壤有机质含量分别提高 38.5%、52.9%、64.3%、68.7%。

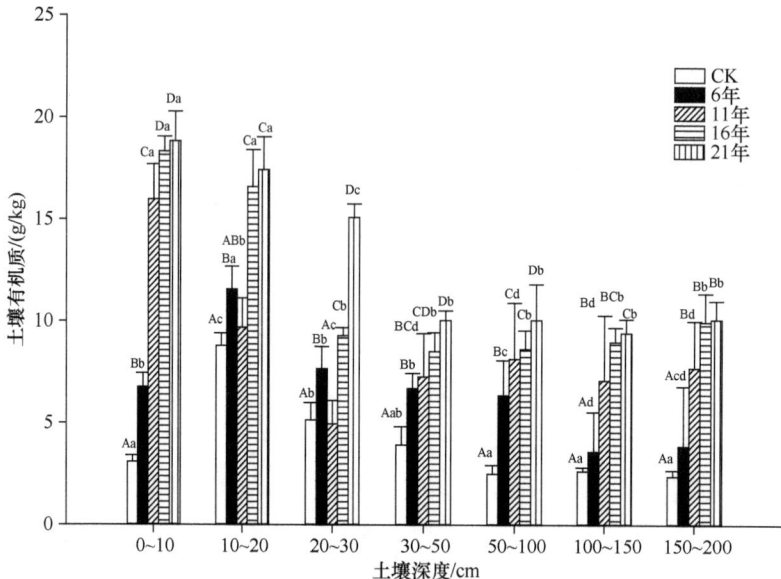

图 4.12　不同林龄乌柳人工林土壤有机质含量变化特征
不同大写字母表示同一深度不同林龄之间差异显著，不同小写字母表示同一林龄不同深度之间差异显著（$P<0.05$），下同

4.2.4.2　不同林龄乌柳林土壤全氮（TN）含量变化特征

由图 4.13 可知植被恢复区不同林龄乌柳林样地土壤全氮含量变化特征,各林龄之间土壤全氮含量很低且差异显著（$P<0.05$）,与土壤有机质的变化相比,土壤全氮的含量呈现出较为规律的变化特征,除最深层外,土壤全氮含量均呈现出随恢复年限增加而增加的趋势,具体表现为 21 年生＞16 年生＞11 年生＞6 年生＞CK。具体来说,在土壤表层,6 年生和 11 年生与丘间低地之间土壤全氮含量无显著差异（$P>0.05$）,而 16 年生和 21 年生与其他林龄乌柳差异显著（$P<0.05$）。10~20cm,6 年生、11 年生和 16 年生土壤全氮含量显著高于丘间低地,而 21 年生乌柳林土壤全氮含量显著高于其他林龄（$P<0.05$）。20~30cm 深度和 30~50cm 深度土壤全氮含量变化与表层一致。50~100cm,21 年生土壤全氮含量显著高于其他林龄,而其他林龄无显著差异。100~150cm,21 年生土壤全氮含量依旧最高,但与 11 年生及 16 年生差异不显著（$P>0.05$）。而在 150~200cm 深度,16 年生全氮含量高于其他样地。土壤全氮未出现与土壤有机质类似的表聚性,以土壤全氮含量最高的 21 年生为例,虽然土壤全氮含量在 0~10cm 最高,且显著高于其他土层（$P<0.05$）,但 30~50cm 处土壤全氮含量却高于 10~20cm 土层。

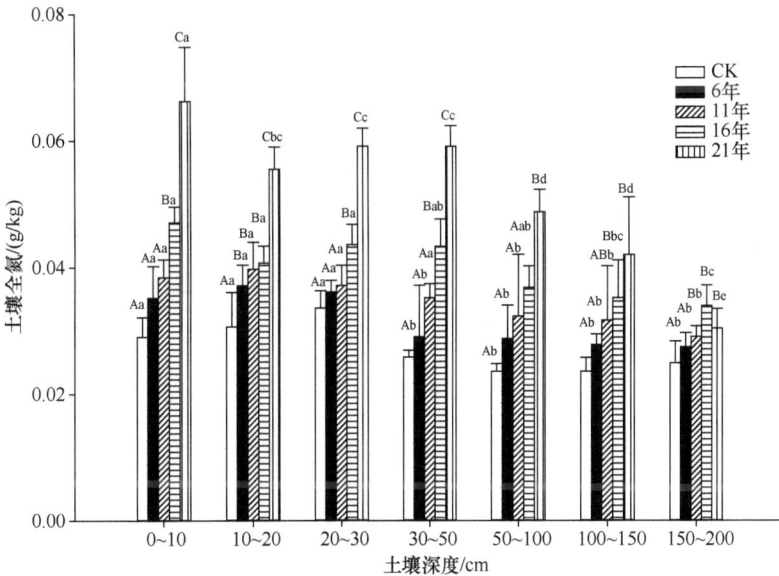

图 4.13　不同林龄乌柳人工林土壤全氮含量变化特征

4.2.4.3　不同林龄乌柳林土壤硝态氮（NO_3^--N）含量变化特征

各林龄之间土壤硝态氮含量变化见图 4.14,不同林龄乌柳林硝态氮含量变化总体差异显著（$P<0.05$）,但同一深度不同林龄之间变化差异不同。在土壤表层,丘间地硝态氮含量显著低于其他样地,而其他林龄之间硝态氮含量差异不

显著（$P>0.05$）。10~20cm，各林龄硝态氮含量均达到最高值，21年生显著高于其他林龄（$P<0.05$），而6年生、11年生、16年生之间差异不显著。20~30cm，16年生与21年生乌柳林硝态氮含量显著高于6年生和11年生（$P<0.05$），但16年生与21年生之间差异不显著，6年生与11年生之间也无显著差异（$P>0.05$）。而在30~50cm，16年生乌柳林硝态氮含量显著高于其他林龄（$P<0.05$），6年生、11年生与21年生之间硝态氮含量差异不显著（$P>0.05$）。50~100cm，11年生、16年生和21年生硝态氮含量无显著差异（$P>0.05$），但显著高于6年生（$P<0.05$）。100~150cm，16年生与21年生硝态氮含量显著高于其他林龄（$P<0.05$），但两者之间差异不显著（$P>0.05$），且11年生硝态氮含量显著高于6年生（$P<0.05$）。150~200cm，16年生与21年生硝态氮含量之间无显著差异（$P>0.05$），21年生硝态氮含量显著高于11年生，三个林龄硝态氮含量均显著高于6年生（$P<0.05$）。

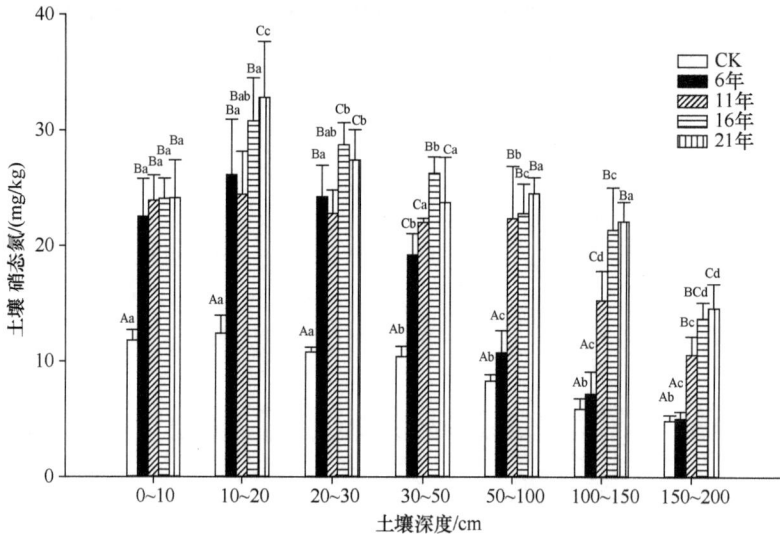

图4.14 不同林龄乌柳人工林土壤硝态氮含量变化特征

4.2.4.4 不同林龄乌柳林土壤铵态氮（NH_4^+-N）含量变化特征

土壤铵态氮含量变化特征见图4.15，不同林龄乌柳林土壤铵态氮含量总体差异显著（$P<0.05$），除10~20cm，同一深度不同林龄铵态氮含量在数值上表现为21年生>16年生>11年生>6年生>CK。在土壤表层，21年生铵态氮含量显著高于其他林龄（$P<0.05$），16年生铵态氮含量显著高于6年生但与11年生无显著差异（$P>0.05$）。10~20cm，21年生铵态氮含量显著高于其他林龄（$P<0.05$），11年生铵态氮含量虽在数值上高于16年生，但两者之间无显著差异（$P>0.05$）。20~30cm，6年生、11年生、16年生之间铵态氮含量差异不显著（$P>0.05$），但显著低于21年生（$P<0.05$）。30~50cm，21年生与16年生铵态氮含量无显著差

异（$P>0.05$），但 21 年生铵态氮含量显著高于 11 年生（$P<0.05$），而 16 年生与
11 年生之间铵态氮含量差异不显著。50~100cm，21 年生铵态氮含量显著高于其
他林龄（$P<0.05$）。100~150cm，16 年生与 21 年生铵态氮含量显著高于 6 年生和
11 年生（$P<0.05$），而 6 年生和 11 年生之间铵态氮含量无显著差异（$P>0.05$），
这也与 150~200cm 变化表现一致。

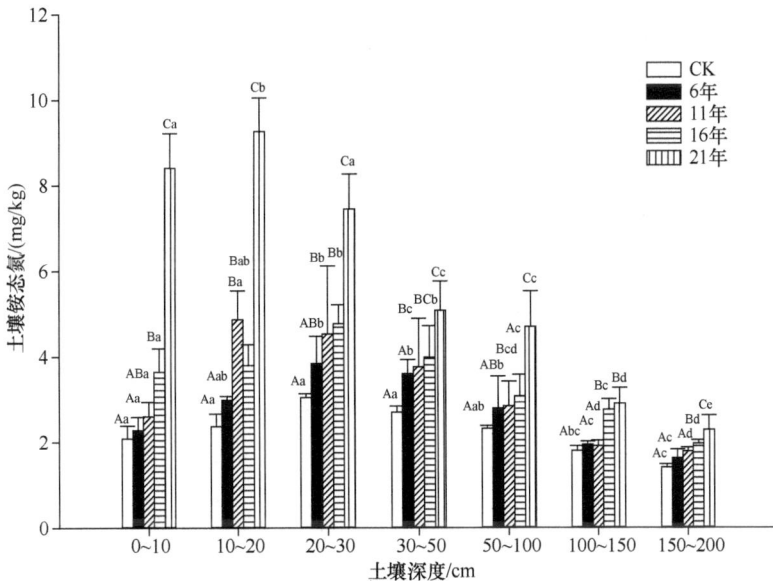

图 4.15　不同林龄乌柳人工林土壤铵态氮含量变化特征

4.2.4.5　不同林龄乌柳林土壤速效磷（AP）含量变化特征

不同林龄乌柳林土壤速效磷含量变化特征如图 4.16 所示，在土壤表层，6 年
生、11 年生、16 年生速效磷含量显著低于 21 年生（$P<0.05$），且三者之间无显
著差异（$P>0.05$）。10~20cm，21 年生土壤速效磷含量显著高于其他林龄（$P<
0.05$），16 年生土壤速效磷含量与 11 年生及 6 年生速效磷含量无显著差异（$P>
0.05$）。20~30cm，各林龄土壤速效磷含量无显著差异（$P>0.05$），这也与 30~50cm
和 50~100cm 速效磷含量变化相同，但各林龄土壤速效磷含量显著高于 CK（$P<
0.05$）。100~150cm 各林龄乌柳林之间土壤速效磷含量与丘间地之间均无显著差异
（$P>0.05$），这也与 150~200cm 深度速效磷含量变化一致。

4.2.4.6　不同林龄乌柳林土壤速效钾（AK）含量变化特征

不同林龄乌柳林土壤速效钾含量变化特征如图 4.17 所示，各林龄乌柳土壤速
效钾含量总体差异显著，且不同深度表现不同。土壤表层，16 年生、21 年生速效
钾含量显著高于 6 年生和 11 年生（$P<0.05$），且 16 年生与 21 年生之间差异不显

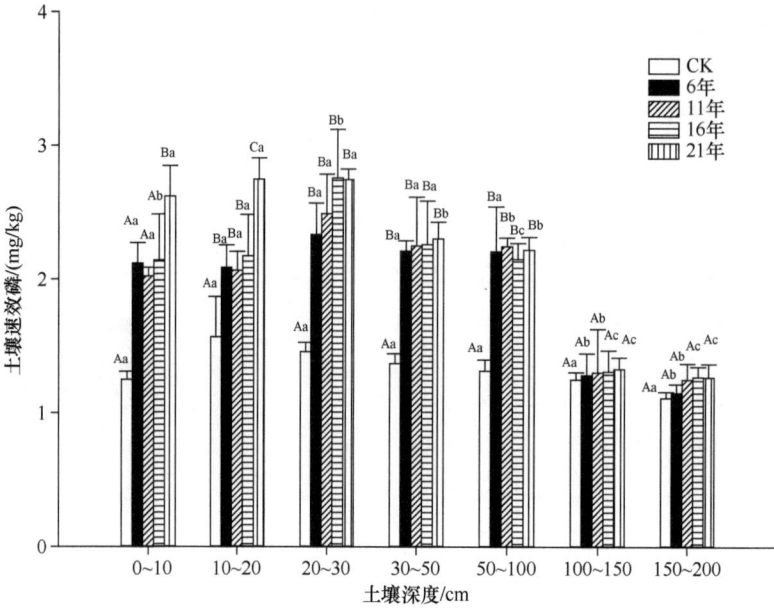

图 4.16 不同林龄乌柳人工林土壤速效磷含量变化特征

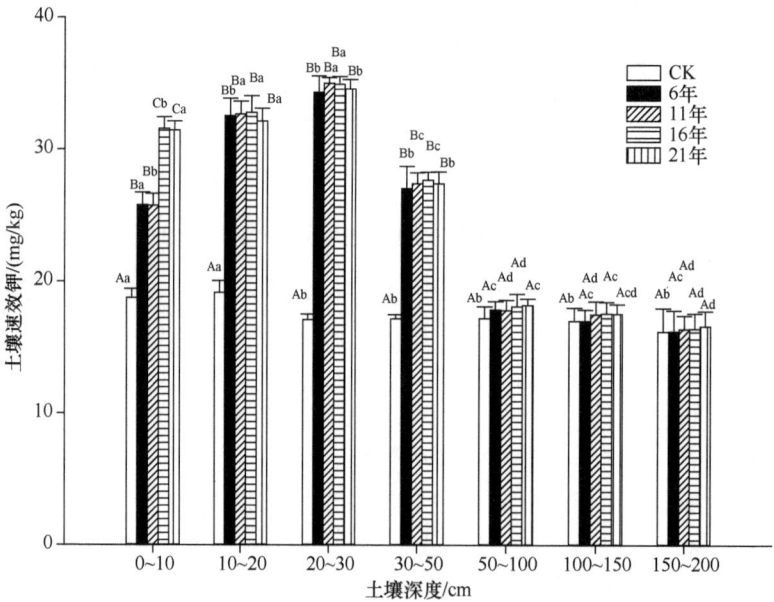

图 4.17 不同林龄乌柳人工林土壤速效钾含量变化特征

著（$P > 0.05$），而 11 年生与 6 年生也无显著差异（$P > 0.05$）。10~20cm，各林龄之间土壤速效钾含量无显著差异（$P > 0.05$），但是显著高于 CK（$P < 0.05$）。20~30cm和 30~50cm，各林龄土壤速效钾含量变化特征与 10~20cm 一致。各林龄深层速效

钾含量与 CK 差异不显著（$P>0.05$），但同一林龄不同深度表现不同，以 50~100cm 为例，21 年生速效钾含量在该层显著高于 150~200cm（$P<0.05$），但与 100~150cm 之间无显著差异（$P>0.05$）。

4.2.4.7　不同林龄乌柳林土壤 pH 变化特征

不同林龄乌柳人工林与丘间低地 pH 变化特征如图 4.18 所示，由图 4.18 可知，各样地内土壤 pH 变化范围为 8.43~8.80，可见该地区土壤碱性较强，丘间低地土壤 pH 在各深度最高。同一深度不同林龄乌柳林土壤 pH 随植被恢复年代的增加呈现逐渐降低的趋势。方差分析结果表明，6 年生土壤 pH 在 0~10cm 土壤表层显著高于 16 年生与 21 年生（$P<0.05$），但与 11 年生差异不显著（$P>0.05$），16 年生土壤 pH 显著高于 21 年生（$P<0.05$）但与 11 年生无显著差异（$P>0.05$）。10~20cm，6 年生土壤 pH 显著高于其他三个林龄乌柳林（$P<0.05$），而其他三个林龄乌柳林 pH 在该层无显著差异（$P>0.05$）。20~30cm，6 年生土壤 pH 显著高于 21 年生（$P<0.05$），而与 11 年生和 16 年生乌柳林无显著差异。30~50cm，6 年生土壤 pH 与 11 年生无显著差异（$P>0.05$），但显著高于 16 年生（$P<0.05$），而 16 年生与 21 年生之间无显著差异（$P>0.05$）。50~100cm 土壤 pH 变化与 20~30cm 土层一致。6 年生与丘间低地在深层土壤中 pH 无显著差异且变化较小。100~150cm 及 150~200cm 各林龄乌柳林 pH 变化与 30~50cm 一致。

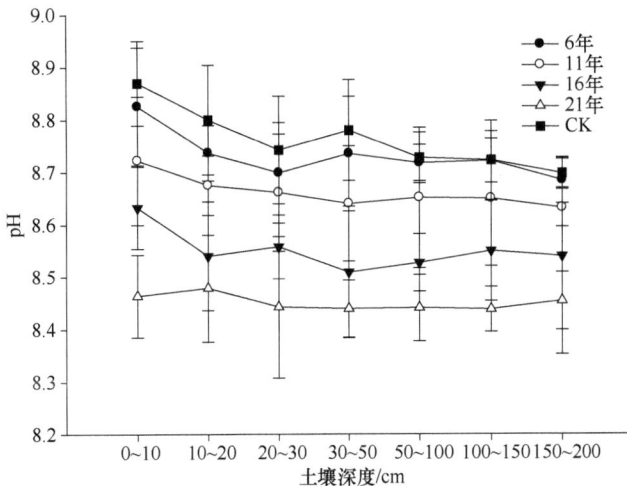

图 4.18　不同林龄乌柳人工林土壤 pH 变化特征

4.2.4.8　不同林龄乌柳林土壤水分含量变化特征

如图 4.19 所示，不同林龄乌柳林林下土壤含水量变化总体差异显著（$P<0.05$），且同一林龄不同深度之间差异不同。具体来说，在 0~10cm，21 年生乌柳

林土壤含水量显著高于其他 3 个林龄（$P<0.05$），而 6 年生、11 年生、16 年生乌柳林土壤表层含水量之间差异不显著（$P>0.05$），随恢复年代的增加表层土壤含水量逐渐升高。10~20cm，各林龄土壤含水量变化与表层相同，但同一林龄10~20cm 土壤含水量显著高于表层（$P<0.05$）。20~30cm 土壤含水量也发生了相应的变化，21 年生乌柳林在该层含水量最高，显著高于其他三个林龄（$P<0.05$），而其他三个林龄含水量变化表现为 6 年生＞16 年生＞11 年生。30~50cm，6 年生、11 年生和 16 年生乌柳林土壤含水量达到最大值，但各林龄含水量之间差异不显著（$P>0.05$），各林龄土壤含水量在数值上表现为 21 年生＞11 年生＞16 年生＞6年生。50~100cm 及 100~150cm 各林龄土壤含水量差异不显著（$P>0.05$），而在150~200cm，6 年生土壤含水量显著低于其他三个林龄（$P<0.05$）。综上所述，乌柳林样地土壤含水量受林龄和深度的影响，上层（深度<50cm）土壤含水量变化较为剧烈，同一林龄不同深度土壤含水量变化并不一致。

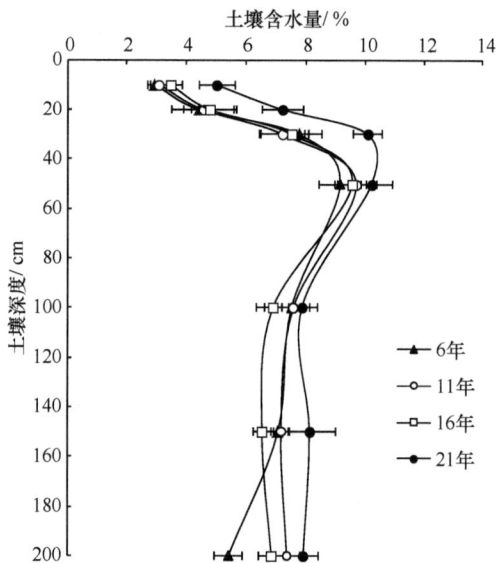

图 4.19　不同林龄乌柳人工林土壤含水量随深度变化特征

4.2.4.9　不同林龄乌柳林土壤容重变化特征

不同林龄乌柳林土壤容重随深度变化差异显著（$P<0.05$），且同一林龄不同深度表现不同。如表 4.11 所示，土壤容重随恢复时间的增加逐渐减小，21 年生乌柳林各深度土壤容重均低于其他林龄。在土壤表层，16 年生与 21 年生土壤容重显著低于其他林龄（$P<0.05$），但两者之间无显著差异（$P>0.05$），11 年生土壤容重显著低于 CK（$P<0.05$），而 6 年生和 CK 两者无显著差异（$P>0.05$）。10~20cm，21 年生显著低于其他林龄（$P<0.05$），而 16 年生与 11 年生之间无显著差异（$P>0.05$），但 16 年生显著低于 6 年生和 CK（$P<0.05$），而 6 年生与 11 年生之间无显著差异（$P>0.05$），但是两者均显著低于 CK。在 20~30cm，21 年生显著低于其他林龄（$P<0.05$），6 年生、11 年生、16 年生之间无显著差异，11 年生与 CK 之间无显著差异，而 6 年生与 16 年生显著低于 CK（$P<0.05$）。30~50cm 与 20~30cm 不同的是，4 个林龄之间土壤容重无显著差异（$P>0.05$），其他变化与 20~30cm 相同。50~100cm，16 年生与 21 年生显著低于 CK（$P<0.05$），且两者之间无显著差异（$P>0.05$），而 6 年生、11 年生与 CK 之间无显著差异（$P>0.05$）。100~150cm，21 年生与 16 年生无显著差异（$P>0.05$），但显著低于其他林龄（$P<0.05$），16 年生显著低于 CK（$P<0.05$），但与 6 年生和 11 年生无显著差异（$P>0.05$），而在 150~200cm，21 年生显著低于 6 年生、11 年生和 CK（$P<0.05$），而其他林龄之间无显著差异（$P>0.05$）。土壤容重受植被恢复时间的影响，随植被恢复时间的增加，土壤容重逐渐降低。

表 4.11　不同林龄乌柳人工林土壤容重随土壤深度变化特征（g/m^3）

深度/cm	林龄/年				
	0（CK）	6	11	16	21
0~10	1.56±0.01Aab	1.54±0.03ABc	1.53±0.01Bbc	1.51±0.01Cb	1.49±0.02Cbc
10~20	1.54±0.02Aa	1.44±0.04Ba	1.42±0.02BCa	1.41±0.01Ca	1.39±0.01Da
20~30	1.58±0.01Ac	1.53±0.01Bc	1.57±0.01ABc	1.53±0.03Bb	1.47±0.02Cb
30~50	1.56±0.02Abc	1.48±0.05Bab	1.51±0.02ABb	1.47±0.06Bab	1.46±0.01Bb
50~100	1.57±0.01Abc	1.52±0.02ABbc	1.50±0.05ABb	1.49±0.04Bab	1.47±0.02Bb
100~150	1.57±0.02Abc	1.55±0.02ABc	1.56±0.01ABc	1.53±0.04BCb	1.52±0.01Cd
150~200	1.57±0.02Abc	1.57±0.02Ac	1.57±0.01Ac	1.56±0.02ABb	1.53±0.03Bd

注：不同大写字母表示同一深度不同林龄之间差异显著，不同小写字母表示同一林龄不同深度之间差异显著（$P<0.05$），下同

4.2.4.10　不同林龄乌柳林土壤比重变化特征

如表 4.12 所示，不同林龄乌柳林土壤比重差异显著（$P<0.05$），且同一林龄不同深度表现并不一致。在土壤表层，16 年生与 21 年生土壤比重显著低于其他林龄（$P<0.05$）。10~20cm，21 年生显著低于其他林龄（$P<0.05$），11 年生与 16 年生无显著差异（$P>0.05$），但 16 年生与 6 年生差异显著（$P<0.05$），各林龄与 CK 土壤比重差异显著（$P<0.05$）。20~30cm，16 年生与 21 年生之间无显著差异（$P>0.05$），但显著低于 6 年生、11 年生和 CK（$P<0.05$）。30~50cm，21 年生与其他林龄差异显著（$P<0.05$），而其他林龄之间无显著差异（$P>0.05$）。50~100cm，16 年生和 21 年生显著低于 CK（$P<0.05$），但是与 6 年生、11 年生之间无显著差异（$P>0.05$）。深层土层土壤比重也有显著变化。100~150cm 和 150~200cm，21 年生与 16 年生之间无显著差异，但与其他各林龄之间差异显著（$P<0.05$），而 16 年生与其他林龄之间土壤比重无显著差异（$P>0.05$）。

表 4.12 不同林龄乌柳人工林土壤比重随土壤深度变化特征

深度/cm	林龄/年				
	0（CK）	6	11	16	21
0~10	2.711±0.001Ab	2.708±0.001Ac	2.707±0.001Ab	2.703±0.002Bab	2.699±0.004Bbc
10~20	2.707±0.003Aa	2.689±0.003Ba	2.683±0.004BCa	2.683±0.002Ca	2.676±0.001Da
20~30	2.715±0.001Ab	2.707±0.007Ac	2.713±0.002Ac	2.706±0.006Bb	2.695±0.003Bb
30~50	2.712±0.002Ab	2.697±0.003Aab	2.702±0.004Ab	2.700±0.017Aab	2.694±0.002Bb
50~100	2.714±0.002Ab	2.705±0.009ABbc	2.701±0.009ABb	2.699±0.008Bab	2.694±0.003Bb
100~150	2.711±0.003Ab	2.710±0.004Ac	2.711±0.001Ac	2.707±0.007ABc	2.703±0.002Bcd
150~200	2.714±0.002Ab	2.714±0.004Ac	2.715±0.002Ac	2.711±0.004ABc	2.707±0.005Bd

4.2.4.11 不同林龄乌柳林土壤持水量特征

不同林龄乌柳林土壤毛管持水量见表 4.13。不同林龄乌柳林毛管持水量差异显著（$P<0.05$），且不同深度表现不同。0~10cm，11 年生、16 年生与 21 年生显著高于 6 年生和 CK（$P<0.05$），而三者之间无显著差异（$P>0.05$）。10~20cm，21 年生显著高于 6 年生和 CK（$P<0.05$），但与 11 年生和 16 年生之间无显著差异（$P>0.05$），这也与 20~30cm 毛管持水量变化相同。30~50cm，16 年生与 21 年生和 CK 之间差异显著（$P<0.05$），但与 6 年生和 11 年生之间无显著差异，而 21 年生与 6 年生和 11 年生及 CK 之间无显著差异（$P>0.05$）。在 50~100cm、100~150cm 和 150~200cm，各林龄乌柳毛管持水量无显著差异（$P>0.05$）。

表 4.13 不同林龄乌柳人工林毛管持水量随土壤深度变化特征（%）

深度/cm	林龄/年				
	0（CK）	6	11	16	21
0~10	5.47±0.95Ab	6.35±1.19Ab	8.38±2.01Bab	8.40±3.44Ba	8.72±1.68Bb
10~20	6.86±1.58Ab	7.20±1.16Aa	9.37±1.05ABab	9.71±2.14ABa	12.09±0.37Ba
20~30	7.57±1.02Aa	8.36±1.91Ab	10.48±1.77ABa	11.12±1.87ABa	10.30±1.76Bab
30~50	7.05±1.04Aab	6.44±1.44ABb	7.94±1.18ABab	10.55±1.41Bab	8.06±0.29Ab
50~100	6.30±0.93Aab	6.48±0.21Ab	7.15±1.35Aab	7.56±3.57Ab	8.57±2.48Ab
100~150	6.67±0.16Ab	7.30±0.51Ab	7.65±0.36Aab	7.70±2.41Ab	7.74±1.16Ab
150~200	5.91±0.81Aab	6.01±0.73Ab	6.00±1.25Ab	7.71±3.60Ab	8.70±1.95Ab

各林龄乌柳林最大持水量变化特征见表 4.14，各林龄乌柳林土壤最大持水量总体变化差异显著（$P<0.05$），除 CK 外，不同林龄不同深度表现不同。在 0~10cm，6 年生、11 年生、16 年生与 21 年生显著高于 CK（$P<0.05$），但是彼此之间差异不显著（$P>0.05$）。10~20cm，11 年生、16 年生与 21 年生显著高于 6 年生和 CK（$P<0.05$），且三者之间差异不显著（$P>0.05$），而 6 年生与 CK 之间差异显著（$P<0.05$）。20~30cm，21 年生、11 年生与 CK 之间差异显著（$P<0.05$），但与 6

年生和 16 年生之间无显著差异（$P>0.05$），而 6 年生、16 年生和 CK 之间无显著差异（$P>0.05$）。30~50cm，6 年生、11 年生、16 年生与 21 年生显著高于 CK，但 4 个林龄之间差异不显著（$P>0.05$）。50~100cm，21 年生与 16 年生之间无显著差异（$P>0.05$），但显著高于其他林龄（$P<0.05$），6 年生、11 年生和 16 年生之间无显著差异（$P>0.05$），但 11 年生、16 年生与 CK 之间差异显著（$P<0.05$），而 6 年生与 CK 无显著差异（$P>0.05$）。各林龄最大持水量在深层土壤亦有差异（$P<0.05$）。100~150cm，21 年生与其他林龄差异显著（$P<0.05$），但其他各林龄之间无显著差异（$P>0.05$）。150~200cm，21 年生与 16 年生之间无显著差异（$P>0.05$），但与其他林龄之间差异显著（$P<0.05$）。

表 4.14　不同林龄乌柳人工林最大持水量随土壤深度变化特征（%）

深度/cm	林龄/年				
	0（CK）	6	11	16	21
0~10	16.96±1.52Aa	23.13±1.39Bab	26.95±2.28Bab	25.00±3.95Bb	27.35±1.87Bab
10~20	16.73±2.97Aa	24.89±0.83Ba	29.10±0.92Cab	30.75±1.75Ca	30.23±1.96Ca
20~30	20.34±2.15Aa	23.32±1.29ABab	25.30±2.47Ba	24.30±1.40ABb	26.60±3.02Bab
30~50	18.01±2.50Aa	24.15±1.35Bab	24.77±0.98Bab	24.96±1.47Bb	26.94±3.01Bab
50~100	20.27±1.14Aa	22.60±1.88ABab	23.12±1.86Bab	23.97±0.78BCb	26.06±1.02Cab
100~150	19.16±1.68Aa	21.56±2.02Ab	22.47±2.52Aab	21.72±4.41Ab	21.72±3.88Bb
150~200	18.00±2.25Aa	18.85±1.47Ac	18.28±4.05Ab	21.84±1.62ABb	23.17±3.52Bb

4.2.4.12　不同林龄乌柳林土壤孔隙度变化特征

不同林龄乌柳人工林土壤孔隙度特征见表 4.15，各林龄乌柳林土壤孔隙度变化差异显著（$P<0.05$）。在土壤表层，21 年生与 16 年生之间无显著差异（$P>0.05$），但显著高于其他林龄（$P<0.05$），11 年生与 CK 之间差异显著（$P<0.05$），但与 6 年生无显著差异（$P>0.05$），6 年生与 CK 之间亦无显著差异（$P>0.05$）。10~20cm，21 年生显著高于其他林龄（$P<0.05$），16 年生与 6 年生之间差异显著（$P<0.05$），但与 11 年生无显著差异（$P>0.05$）。6 年生显著高于 CK（$P<0.05$），但与 11 年生无显著差异（$P>0.05$）。20~30cm，21 年生显著高于其他林龄（$P<0.05$），16 年生和 6 年生显著高于 CK（$P<0.05$），但是两者之间及与 11 年生之间无显著差异。30~50cm，21 年生显著高于其他林龄（$P<0.05$），而其他林龄彼此之间无显著差异（$P>0.05$）。50~100cm，21 年生显著高于其他林龄（$P<0.05$），16 年生与 11 年生和 6 年生之间无显著差异（$P>0.05$），而 6 年生和 11 年生与 CK 之间无显著差异（$P>0.05$）。100~150cm，21 年生显著高于 6 年生、11 年生和 CK（$P<0.05$），这也与 150~200cm 深度变化相同。

表 4.15　不同林龄乌柳人工林土壤孔隙度随土壤深度变化特征（%）

深度/cm	林龄/年				
	0（CK）	6	11	16	21
0~10	42.59±0.27Aa	43.17±0.13ABc	43.35±0.20Bbc	44.11±0.35Cbc	44.69±0.70Cbc
10~20	43.36±0.56Ab	46.40±0.42Ba	47.18±0.64BCa	47.29±0.34Ca	48.24±0.12Da
20~30	41.86±0.27Aa	43.37±0.18Bc	42.26±0.32ABc	43.41±0.11Bc	45.35±0.56Cb
30~50	42.38±0.33Aa	45.09±0.49Aab	44.12±0.65Ab	44.24±0.48Abc	45.44±0.28Bb
50~100	42.06±0.32Aa	43.67±0.52ABbc	44.30±0.61ABb	44.64±0.32Bbc	45.54±0.51Cb
100~150	42.56±0.62Aa	42.78±0.67Ac	42.56±0.06Ac	43.37±0.26ABc	44.03±0.41Bcd
150~200	42.08±0.31Aa	42.08±0.70Ac	41.99±0.38Ac	42.63±0.67ABc	43.31±0.86Bd

不同林龄乌柳林土壤毛管孔隙度变化特征见表 4.16。不同林龄乌柳林毛管孔隙度差异显著（$P<0.05$），且同一林龄不同深度表现不同。0~10cm，21 年生显著高于其他林龄（$P<0.05$），而其他林龄之间无显著差异（$P>0.05$）。10~20cm，11年生、16 年生与 21 年生之间无显著差异（$P>0.05$），但 21 年生显著高于 6 年生和 CK（$P<0.05$），而 6 年生、CK 与 11 年生和 16 年生之间无显著差异（$P>0.05$）。20~30cm，21 年生显著高于 CK（$P<0.05$），但与 6 年生、11 年生和 16 年生之间无显著差异（$P>0.05$）。30~50cm 各林龄土壤毛管孔隙度变化与 10~20cm 一致。而 50~200cm，各林龄土壤毛管孔隙度之间差异不显著（$P>0.05$）。

表 4.16　不同林龄乌柳人工林毛管孔隙度随土壤深度变化特征（%）

深度/cm	林龄/年				
	0（CK）	6	11	16	21
0~10	8.51±1.44Aa	9.48±1.33Ab	12.84±4.73Aab	12.69±4.16Ab	13.03±2.55Bab
10~20	10.54±2.34Aab	10.37±1.60Ab	13.30±1.61ABab	13.70±5.74Ba	16.74±0.54Ba
20~30	11.95±1.57Ab	12.77±2.67ABa	16.43±2.85ABa	17.03±2.91ABa	15.16±2.43Bab
30~50	11.02±1.70Aab	9.52±2.05Ab	11.97±1.64ABab	15.09±4.21ABb	11.84±0.39Bb
50~100	9.91±1.42Aab	9.87±2.05Ab	10.69±3.14Ab	11.47±4.20Ab	12.56±3.58Aab
100~150	10.51±0.32Aab	11.32±0.77Ab	11.91±0.55Aab	11.82±3.77Ab	11.75±1.82Ab
150~200	9.27±1.22Aab	9.42±2.58Ab	9.44±2.03Ab	12.01±5.68Ab	13.35±2.90Aab

4.2.4.13　小结

在海拔高、气温低的高寒地区，开展植被恢复是改良土壤的有效方式。不同林龄乌柳人工林的营建能够有效地改良高寒沙地土壤理化性质，随着植被恢复时间的增加，土壤有机质和土壤全氮含量显著增加，土壤速效养分含量逐渐增加，土壤 pH 逐渐降低，土壤容重逐渐降低，土壤孔隙度逐渐增加。

4.2.5　不同林龄乌柳林生物量和生产力

生物量与生产力是生态系统结构与功能的最基本特征之一。提高生态系统的可持续生产力是退化生态系统生态恢复的根本原因与动力。生物量与生产力的变化也决定着生态系统的能量交换与养分循环。作为生态系统的特征数据，生物量是研究森林生态系统结构和功能的基础。进行生态系统生物量的研究能够为深入阐释生物地球化学循环、科学评价生态系统生产力与环境因子之间的关系及研究固碳功能提供数据基础。当前，"全树利用"生物质能源和碳汇问题研究的广泛开展，进一步扩展了生物量的研究内容，将生物量的研究推向了一个新的高峰（方精云等，1996；Abanda et al.，2011；Shoshany，2012）。

我国尽管进行了大量生态恢复及生物量的研究工作，但是由于生态环境、地形地貌和气候的复杂多样，生态脆弱及敏感地区分布广泛，还有很多极端环境条件地区面临更为严重的生态恢复压力，尤其是在海拔高、气温低的青藏高原地区，对于该地区开展植被恢复后其生物量的变化报道较少。因此，通过空间代替时间的方法，对该地区不同林龄（6 年生、11 年生、16 年生和 21 年生）乌柳防护林的生产力进行研究，不仅能够阐明生态系统的物质循环机制，而且对指导生产实践、最大限度地提高生态系统生产力、研究脆弱生态系统的"源汇"功能都具有重要意义。

4.2.5.1　不同林龄乌柳人工林各组分生物量及其分配

不同林龄乌柳人工林各组分生物量变化情况见表 4.17。随着林龄的增加，乌柳人工林生物量也显著增加。6 年生、11 年生、16 年生和 21 年生乌柳人工林生物量分别为 $10.58t/hm^2$、$19.49t/hm^2$、$28.90t/hm^2$ 和 $41.27t/hm^2$。虽然各组分生物量随林龄的增加而增加，但不同林龄各组分生物量的分配表现各异，如图 4.20 所示。6 年生乌柳树干、树枝、树叶、树皮、树根生物量分别占全树总生物量的 36.05%、20.43%、9.19%、7.71%、26.62%。11 年生乌柳树干、树枝、树叶、树皮和树根生物量分别占全树总生物量的 55.07%、12.97%、7.10%、6.23%、18.62%。16 年生乌柳树干、树枝、树叶、树皮和树根各组分生物量分别占全树总生物量的 47.33%、13.54%、5.96%、5.14%、28.20%。21 年生乌柳树干、树枝、树叶、树皮、树根各组分生物量分别占全树总生物量的 47.34%、16.71%、4.59%、4.22% 和 27.15%。不同生长阶段各组分生物量分配不同，林龄的差异导致了生物量分配的变化，不同林龄乌柳林各组分生物量在数值上的大小关系可表示为：树干＞树根＞树枝＞树叶＞树皮。

表 4.17 不同林龄乌柳人工林各组分生物量及其分配（t/hm²）

各组分	各林龄生物量			
	6 年	11 年	16 年	21 年
树干	3.81±0.47a	10.73±0.10b	13.72±0.52c	19.53±0.61d
树枝	2.16±0.28a	2.53±0.78a	3.92±0.22b	6.89±0.62c
树叶	0.97±0.07a	1.38±0.20b	1.73±0.04c	1.89±0.09c
树皮	0.82±0.16a	1.21±0.21b	1.49±0.09bc	1.74±0.24c
树根	2.82±0.07a	3.63±0.05b	8.12±0.28c	11.21±0.25d
地上部分生物量	7.76±0.98a	15.85±0.59b	20.86±0.86c	30.07±1.55d
总计	10.58±1.05a	19.49±0.65b	28.90±1.14c	41.27±1.80d

注：不同小写字母表示同一组分不同林龄之间差异显著（$P<0.05$），下同

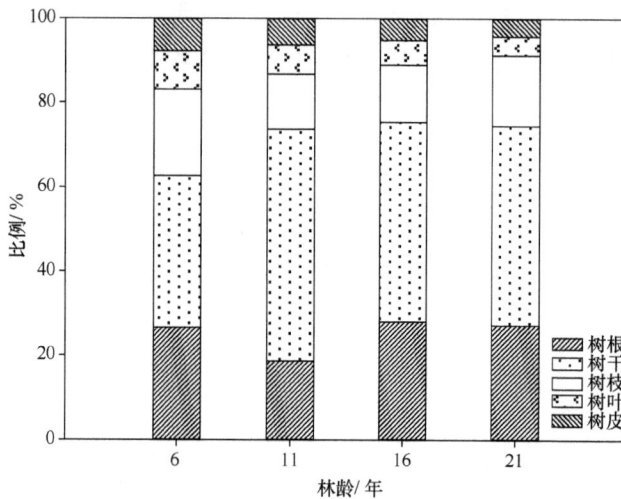

图 4.20 不同林龄乌柳人工林各组分生物量分配比例

4.2.5.2 不同林龄乌柳人工林生物量相对生长方程

生物量相对生长方程有很多种形式，最为常见的主要有两种，即以胸径（D）为自变量的一元方程，以及以树高（H）和胸径（D）为自变量的二元方程，可分为非线性和线性两大类，主要表现形式有：$W=aD^b$、$W=ab^D$、$W=a(D^2H)^b$、$W=a+bD+cD^2$ 等，其中 a、b、c 为参数，W、D 和 H 分别为树木各组分生物量、胸径和树高。本研究通过对树高（H）、基径（B）和生物量（W）数据进行回归分析，根据显著性 F 检验和相关系数 R，选出一元方程 $W=aB^b$ 及二元方程 $W=a(B^2H)^b$ 作为相对生长方程，回归结果见表 4.18。

分别采用一元和二元生长方程对乌柳各组分生物量进行回归，通过比较表 4.18 的相关系数值可以发现，树叶和树皮的相关系数较其他器官为低，分析其原因，主要是树叶和树皮的生长与空间关系更密切，而与地径和树高的关系没有树

干、树枝、树根等器官密切，但总体来说，两种相对生长方程均能够较好地拟合各组分的生物量，而且通过拟合还可以发现，除树枝外，一元生长方程的相关系数 R 稍大于二元生长方程，而在实际野外测量过程中，基径的测量精度亦高于树高的测量精度。因此，采用一元方程模型，即以基径（B）为自变量进行生物量的推算是一种较为合理的办法。

表 4.18　不同林龄乌柳人工林各组分生物量相对生长方程

各组分	$W=aB^b$			$W=a(B^2H)^b$		
	a	b	R	a	b	R
树干	335.484	0.964	0.9772	300.952	0.361	0.9757
树枝	88.156	1.094	0.9413	77.798	0.411	0.9581
树叶	88.039	0.434	0.9391	82.606	0.166	0.9311
树皮	68.273	0.518	0.9182	63.183	0.199	0.9143
树根	131.875	1.173	0.9767	121.360	0.429	0.9731
地上生物量	568.122	0.904	0.9909	508.668	0.341	0.9879
总生物量	519.881	1.133	0.9807	475.233	0.416	0.9787

4.2.5.3　不同林龄乌柳人工林根系生物量及其分布特征

如图 4.21 所示，6 年生乌柳根系垂直分布于 0~130cm，上层土壤分布较为密集，以直径小于 2.0mm 的细根居多，占总数的 59.94%；其次是直径为 2.0~5.0mm 的中根，占总数的 27.33%；直径大于 5.0mm 粗根则最少，只占总数的 12.73%。6 年生乌柳根系呈垂直状分布，根系生物量（即根量）垂直分布变化特征见表 4.19。

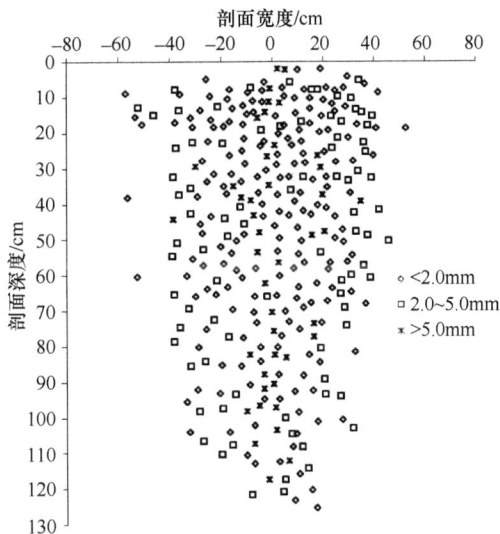

图 4.21　6 年生乌柳根系垂直分布剖面特征

表 4.19　6 年生乌柳根量垂直分布

深度/cm	根系生物量/（g/m²）		
	粗根（$d \geqslant 5.0$mm）	中根（2.0mm$< d < 5.0$mm）	细根（$d \leqslant 2.0$mm）
0~10	29.26±1.56a	15.01±1.41ab	10.76±0.45b
10~20	30.07±2.24a	10.47±1.69a	13.55±1.01a
20~30	29.18±2.01a	13.96±1.45ab	11.63±1.59b
30~50	25.77±1.23b	12.41±2.85bc	7.18±1.40c
50~100	22.48±2.56bc	9.08±2.66cd	4.53±0.60d
100~130	19.37±1.29c	7.38±2.01d	3.48±0.78d

不同深度粗根、中根和细根根系生物量差异显著（$P < 0.05$）。20cm 以下随深度增加根系生物量逐渐减少。粗根生物量在 0~30cm 无显著差异（$P > 0.05$），但显著高于其他深度（$P < 0.05$），30~50cm 与 50~100cm 根系生物量无显著差异（$P > 0.05$），但显著高于 100~150cm（$P < 0.05$），而 50~100cm 和 100~150cm 差异不显著（$P > 0.05$）。中根生物量在 0~30cm 无显著差异（$P > 0.05$），30~50cm 显著低于 10~20cm（$P < 0.05$），但与表层及 20~30cm 无显著差异（$P > 0.05$），且显著高于 100~150cm（$P < 0.05$）。细根生物量 10~20cm 显著高于其他深度（$P < 0.05$），0~10cm 与 20~30cm 无显著差异（$P > 0.05$），但显著高于 30~50cm（$P < 0.05$），50~100cm 与 100~150cm 细根生物量差异不显著（$P > 0.05$）。

11 年生乌柳根系分布的剖面特征见图 4.22，根系垂直分布于 0~150cm 土壤深度，上层土壤内分布较为密集，随土壤深度增加渐趋减少，根系以直径小于 2.0mm 的细根最多，占总数的 60.26%，其次是直径为 2.0~5.0mm 的中根，占总数的

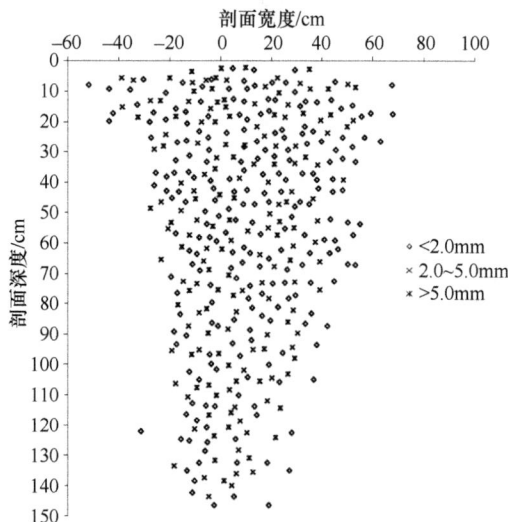

图 4.22　11 年生乌柳根系垂直分布剖面特征

21.62%，直径大于 5.0mm 粗根最少，占总数的 18.12%。根量垂直分布特征见表 4.20，粗根生物量 10~20cm 最高，但与 0~10cm 和 20~30cm 差异不显著（$P>0.05$）。0~10cm、10~20cm 和 20~30cm 粗根生物量显著高于 30~50cm（$P<0.05$），30~50cm 显著高于 50~100cm（$P<0.05$），50~100cm 显著高于 100~150cm（$P<0.05$）。0~10cm、10~20cm、20~30cm 和 30~50cm 的中根生物量无显著差异（$P>0.05$），但显著高于 50~100cm（$P<0.05$），50~100cm 显著高于 100~150cm（$P<0.05$）。10~20cm 细根生物量较高，0~10cm 与 20~30cm 无显著差异（$P>0.05$），50~100cm 和 100~150cm 显著低于其他深度（$P<0.05$），且两者之间细根生物量无显著差异（$P>0.05$）。

表 4.20　11 年生乌柳根量垂直分布

深度/cm	根系生物量/（g/m^2）		
	粗根（$d \geqslant 5.0$mm）	中根（2.0mm$<d<$5.0mm）	细根（$d \leqslant 2.0$mm）
0~10	38.89±2.05a	17.22±1.31a	12.95±0.59b
10~20	41.12±1.69a	19.17±1.06a	16.66±0.81a
20~30	40.45±1.60a	18.39±1.94a	12.73±1.51b
30~50	34.11±1.61b	16.67±1.60a	9.48±0.91c
50~100	28.86±1.54c	12.01±0.89b	7.47±0.92d
100~150	23.48±2.66d	8.63±3.00c	4.21±1.98d

如图 4.23 所示，16 年生乌柳根系垂直分布于 0~160cm 土壤深度。10~50cm 分布较为密集，随土壤深度增加渐趋减少，根系剖面以直径小于 2.0mm 的细根居多，占总数的 57.72%，其次是直径为 2.0~5.0mm 的中根，占总数的 23.80%；直径大于 5.0mm 的粗根则最少，占总数的 18.48%。根量垂直分布特征见表 4.21，

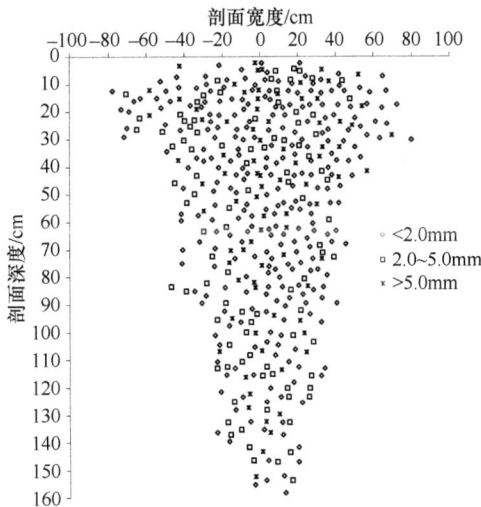

图 4.23　16 年生乌柳根系垂直分布剖面特征

表 4.21 16 年生乌柳根量垂直分布

深度/cm	根系生物量/（g/m²）		
	粗根（d≥5.0mm）	中根（2.0mm<d<5.0mm）	细根（d≤2.0mm）
0~10	79.26±3.06a	30.39±1.35c	25.84±1.18b
10~20	82.78±3.89a	30.80±0.91ab	31.51±2.19a
20~30	84.54±4.09a	36.31±3.27a	34.08±3.49a
30~50	69.57±2.87b	31.13±1.21bc	23.87±2.14b
50~100	60.44±6.41c	27.52±1.84c	19.44±1.46c
100~150	49.57±4.39c	21.30±3.77c	14.18±1.57d
150~160	31.59±1.16d	16.21±2.53d	7.18±0.66e

不同深度根系生物量分布差异显著（$P<0.05$）。0~30cm 各层粗根生物量无显著差异（$P>0.05$），但显著高于其他深度（$P<0.05$）。50~100cm 和 100~150cm 粗根生物量无显著差异（$P>0.05$），而 150~160cm 粗根生物量显著低于其他深度（$P<0.05$）。中根生物量在 10~20cm 及 20~30cm 无显著差异（$P>0.05$），表层中根生物量与 30~50cm、50~100cm 和 100~150cm 无显著差异（$P>0.05$）。150~160cm 中根生物量显著低于其他深度。各层细根生物量差异显著（$P<0.05$）。10~20cm 和 20~30cm 无显著差异（$P>0.05$），但显著高于表层和 30~50cm（$P<0.05$），而 50~100cm、100~150cm 和 150~160cm 彼此之间差异亦显著（$P<0.05$）。

21 年生乌柳根系分布剖面特征如图 4.24 所示。根系垂直分布于 0~200cm 土壤深度，10~100cm 深度分布较为密集。随土壤深度增加渐趋减少，根系以直径小于 2.0mm 的细根居多，占总数的 57.90%；其次是直径在 2.0~5.0mm 的中根，占

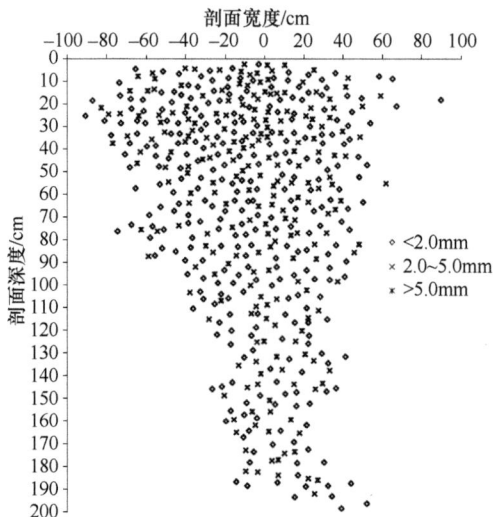

图 4.24 21 年生乌柳根系垂直分布剖面特征

总数的 23.39%；直径大于 5.0mm 的粗根则最少，占总数的 18.71%。不同深度根系生物量分布差异显著（表 4.22）。表层粗根生物量与 10~20cm 差异不显著（$P>0.05$），但显著低于 20~30cm（$P<0.05$），且与 30~50cm 也无显著差异（$P>0.05$）。50~100cm、100~150cm 与 150~200cm 根生物量逐渐减少，且各深度之间差异显著（$P<0.05$）。中根生物量在 0~50cm 无显著差异（$P>0.05$），而 50~100cm 显著高于 100~150cm 和 150~200cm（$P<0.05$），但与表层和 30~50cm 之间差异不显著（$P>0.05$）。100~150cm 和 150~200cm 中根生物量无显著差异（$P>0.05$）。表层细根生物量与 10~20cm 和 20~30cm 无显著差异（$P>0.05$），20~30cm 细根生物量显著低于 10~20cm，但与 30~50cm 无显著差异（$P>0.05$）。50~100cm 与 100~150cm 细根生物量无显著差异（$P>0.05$），但显著高于 150~200cm（$P<0.05$）。不同林龄乌柳人工林根系总生物量垂直分布变化特征见表 4.23。各林龄乌柳根系总生物量随植被恢复时间的延长显著增加，且不同深度根量差异不同。6 年生乌柳 10~20cm 根量显著高于其他深度（$P<0.05$），0~10cm 与 20~30cm 根系总生物量差异不显著（$P>0.05$），30~150cm 各层根量随土层深度加大而降低。这也与 11 年生乌柳林根系总生物量垂直变化一致。16 年生乌柳表层与 30~50cm 根系总生物量差异显著（$P<0.05$），而 10~20cm 与 20~30cm 根系总生物量无显著差异（$P>0.05$），30~200cm 各层根系总生物量随土层深度加大而显著降低（$P<0.05$）。21 年生乌柳林根系总生物量在 0~30cm 各层差异不显著（$P>0.05$），30~50cm 根系总生物量显著低于 10~20cm 和 20~30cm（$P<0.05$），但与表层差异不显著（$P>0.05$）。50~200cm 各层根系总生物量随深度增加显著降低（$P<0.05$）。双因素方差分析结果表明：土壤深度、林龄及其相互作用对乌柳根系总生物量的影响都达到极显著水平（$P<0.001$）。

表 4.22　21 年生乌柳根量垂直分布

深度/cm	根系生物量/（g/m^2）		
	粗根（$d \geqslant 5.0mm$）	中根（$2.0mm<d<5.0mm$）	细根（$d \leqslant 2.0mm$）
0~10	88.23±1.94bc	55.82±1.44ab	41.05±1.81ab
10~20	102.12±1.89ab	61.14±7.14a	45.27±1.21a
20~30	97.64±5.17a	61.17±3.68a	37.50±5.27bc
30~50	90.68±4.33c	52.23±6.94ab	35.29±2.77c
50~100	79.80±0.77d	46.45±8.08b	29.50±0.98d
100~150	59.96±1.87e	27.41±1.60c	21.04±2.83d
150~200	28.76±1.76f	19.90±2.34c	9.26±2.32e

不同林龄乌柳林细根生物量随植被恢复时间的延长显著增加（表 4.24）。6 年生乌柳 10~20cm 细根生物量显著高于其他深度（$P<0.05$）。0~10cm 与 20~30cm 细根生物量差异不显著（$P>0.05$），30~50cm 细根生物量显著高于 50~100cm、100~150cm（$P<0.05$）。11 年生乌柳 10~20cm 根量显著高于其他深度（$P<0.05$）。

表 4.23　不同林龄乌柳人工林根系总生物量垂直分布特征

深度/cm	根系生物量/（g/m²）			
	6 年	11 年	16 年	21 年
0~10	55.04±0.51Ab	69.07±3.22Bb	135.50±5.57Cb	185.10±2.06Dab
10~20	60.12±4.14Aa	77.49±2.39Ba	149.10±5.00Ca	208.53±14.70Da
20~30	54.79±4.73Ab	71.57±2.02Bb	154.93±7.76Ca	196.33±6.92Da
30~50	45.37±2.60Ac	60.25±2.48Bc	124.58±2.08Cc	178.21±6.41Db
50~100	36.10±3.23Ad	48.34±2.94Bd	107.40±8.62Cd	155.76±8.42Dc
100~150	30.24±2.49Ae	36.32±2.64Be	85.05±6.68Ce	105.42±5.64Dd
150~200	—	—	54.98±1.37Af	57.93±4.77Ae
总计	281.64±7.10A	363.04±4.81B	811.54±27.87C	1120.61±24.61D

注：不同大写字母表示同一深度不同林龄差异显著，不同小写字母表示同一林龄不同深度差异显著，下同

表 4.24　不同林龄乌柳人工林细根生物量垂直分布特征

深度/cm	细根生物量/（g/m²）			
	6 年	11 年	16 年	21 年
0~10	10.76±0.44Ab	12.95±0.59Bb	25.84±1.18Cb	41.06±1.81Dab
10~20	13.56±1.01Aa	16.66±0.81Ba	31.51±2.19Ca	45.27±1.21Da
20~30	11.64±1.59Ab	12.73±1.15Ab	34.08±2.14Ba	37.51±5.27Bbc
30~50	7.18±1.48Ac	9.48±0.91Ac	23.87±1.46Bb	35.29±2.77Cc
50~100	4.53±0.60Ad	7.47±0.92Bc	19.44±1.57Cc	29.50±0.98Dd
100~150	3.48±0.78Ad	4.21±1.99Ad	14.18±1.57Bd	21.04±2.83Ce
150~200	—	—	7.18±0.66Ad	9.26±2.32Bf
总计	51.16±5.93A	63.50±6.37B	156.12±12.69C	218.94±17.19D

注：6 年和 11 年根系分布范围为 0~150cm，150cm 以下无根系分布

30~50cm 与 50~100cm 无显著差异（$P>0.05$），但显著高于 100~150cm（$P<0.05$）。16 年生乌柳表层与 30~50cm 根量差异不显著（$P>0.05$），但与 10~20cm 和 20~30cm 显著差异（$P<0.05$）。20~200cm 各层根量随土层深度加大而显著降低（$P<0.05$）。21 年生乌柳林根量在 0~20cm 各层差异不显著（$P>0.05$），30~50cm 根量显著低于 0~10cm 和 10~20cm（$P<0.05$），50~200cm 各层差异显著（$P<0.05$）。

　　不同林龄乌柳人工林根系生物量随林龄的变化特征见图 4.25，随恢复时间的增加，各林龄根系生物量逐渐增加，各林龄生物量均表现为粗根＞中根＞细根。较之 6 年生，11 年生乌柳粗根生物量增加 24.54%，中根生物量增加 19.75%，细根生物量增加 19.42%。较之 11 年生，16 年生乌柳粗根生物量增加 45.32%，中根生物量增加 44.63%，细根生物量增加 51.26%，较之 16 年生，21 年生乌柳粗根生物量增加 16.99%，中根生物量增加 37.66%，细根生物量增加 26.76%。可见在 11~16 年生根系生物量增幅较大，这一阶段也是根系生长的旺盛阶段。

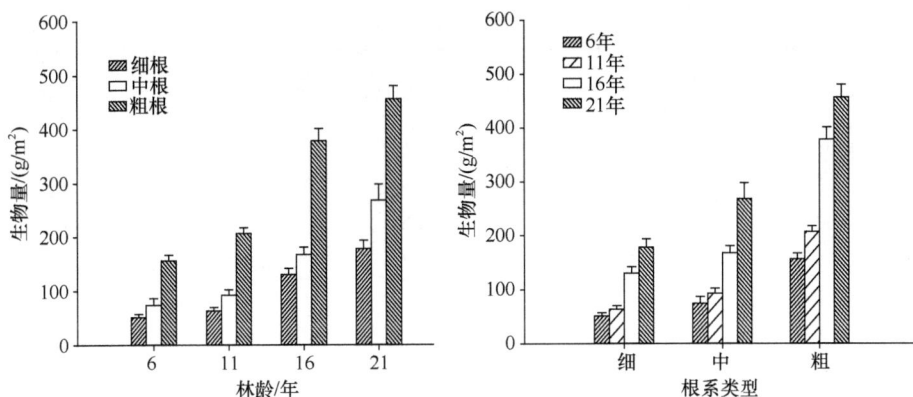

图 4.25　不同林龄乌柳人工林根系生物量变化

由表 4.25 可知,各林龄乌柳林比根长随植被恢复时间的增加显著增加($P<0.05$),但不同深度变化不同。土壤表层 16 年生与 21 年生显著高于 6 年生和 11 年生($P<0.05$),但两者之间无显著差异($P>0.05$),而 6 年生与 11 年生差异显著($P<0.05$)。10~20cm,11 年生、16 年生与 21 年生显著高于 6 年生($P<0.05$),但三者之间无显著差异($P>0.05$),这也与 20~30cm 变化相同。30~50cm,21 年生显著高于其他林龄($P<0.05$),11 年生与 16 年生显著高于 6 年生($P<0.05$),但两者无显著差异($P>0.05$)。50~100cm 各林龄比根长差异显著($P<0.05$),这也与 100~150cm 变化相同。总体来说,随深度加大,各林龄乌柳林比根长呈先增加后减小的趋势。

表 4.25　不同林龄乌柳人工林比根长垂直变化特征

深度/cm	比根长/（m/g）			
	6 年	11 年	16 年	21 年
0~10	7.03±0.42Ac	12.14±0.48Bb	13.01±0.29Cc	13.19±0.20Cc
10~20	11.42±0.89Aa	15.46±0.53Ba	15.28±0.73Bab	17.10±2.63Ba
20~30	10.97±0.97Aa	15.63±0.43Ba	16.96±0.83Ba	15.82±0.82Bab
30~50	8.67±0.65Ab	15.62±0.75Ba	17.62±1.03Bab	15.89±0.58Cab
50~100	7.89±0.75Abc	11.86±0.91Bb	14.33±0.64Cab	14.11±0.29Dbc
100~150	5.14±0.30Ad	9.31±0.85Bc	12.37±0.40Cab	13.48±0.20Dc
150~200	—	—	10.07±0.11Ad	10.27±0.45Ad

注：6 年和 11 年根系分布范围为 0~150cm,150cm 以下无根系分布

如表 4.26 所示,各林龄乌柳林根长密度随植被恢复时间的增加显著增加,且不同深度差异并不一致。6 年生与 11 年生在 50~100cm 与 100~150cm 与其他深度差异显著($P<0.05$),但 50~100cm 与 100~150cm 根长密度不显著($P>0.05$),而 16 年生与 21 年生根长密度 50~100cm 与 100~150cm 差异显著($P<0.05$)。6 年生与 11 年生在 20~150cm 根长密度随深度的增加逐渐降低。16 年生与 21 年生根长密度在 20~200cm 随深度的增加逐渐降低。

表4.26 不同林龄乌柳人工林根长密度垂直变化特征

深度/cm	根长密度/（m/m³）			
	6 年	11 年	16 年	21 年
0~10	30.08±1.85Aa	65.23±4.17Bc	88.41±4.92Ca	121.68±2.82Da
10~20	53.20±0.70Ab	93.09±1.57Ba	114.18±1.94Cb	175.61±4.73Db
20~30	46.50±0.45Ac	86.97±2.11Bb	131.58±1.65Cc	154.54±1.39Dc
30~50	15.29±0.55Ad	36.58±1.51Bd	48.76±2.02Cd	70.47±1.93Dd
50~100	4.41±0.37Ae	8.91±0.79Be	15.46±1.83Ce	21.89±0.72De
100~150	2.42±0.28Ae	5.24±0.12Be	10.53±0.44Cf	14.18±0.95Df
150~200	—	—	5.55±0.14Ag	6.09±0.28Ag

注：6年和11年根系分布范围为0~150cm，150cm以下无根系分布

如表4.27所示，随植被恢复时间增加，各林龄的根系消弱系数随林龄的增加逐渐增大。6年生根系总根量和细根根量的 β 值最小，分别为0.9743和0.9684，而21年生的最高，分别为0.9816和0.9801。根据 β 值的意义，随林龄的增加，细根在深层土壤中所占的比例逐渐增加，根系垂直分布的深度逐渐增加。调查中也发现，6年生乌柳林根系垂直分布的最大深度为130cm，而21年生根系垂直分布可达200cm甚至以上。

表4.27 不同林龄乌柳人工林根系消弱系数变化特征

林龄/年	总根系消弱系数（$\beta_{总}$）	相关系数（R^2）	细根根系消弱系数（$\beta_{细}$）	相关系数（R^2）
6	0.9743±0.0001	0.9804	0.9684±0.0019	0.9356
11	0.9744±0.0001	0.9803	0.9698±0.0032	0.9569
16	0.9794±0.0002	0.9865	0.9773±0.0007	0.9725
21	0.9816±0.0002	0.9878	0.9801±0.0010	0.9831

不同林龄乌柳林土壤有机质含量随恢复时间延长不断增加。方差分析说明，恢复年限对不同林龄土壤有机质有显著影响，且不同深度土壤有机质含量变化不同，浅层土壤有机质含量较高，深层土壤有机质含量较低。

以不同深度根量作为解释变量，以土壤有机质作为响应变量，进行一元线性回归（如表4.28所示），结果显示，不同林龄乌柳根量极显著影响土壤有机质含量（$P<0.001$）。土壤有机质的变化与根系生长及分布有着极显著的相关性。不同林龄不同深度土壤有机质的变化实则是植被对养分消耗与累积的过程，根系分布特征对土壤有机质的影响是直接的体现。

4.2.5.4 生态系统生物量的分布特征

不同林龄乌柳人工林生态系统生物量随恢复时间的变化特征见表4.29。乌柳人工林生物量均达到林分生物量的93%以上，草本层所占比例非常小，随着恢复时间的增加，不同林龄乌柳人工林生态系统生物量不断增加，各林龄生态系统生

表 4.28　不同林龄乌柳人工林根量与土壤有机质的回归关系

林龄/年	估计值	标准误差	P 值检验	相关系数（R^2）	F	P
6	0.331 8	0.029 27	<0.001**	0.865 3	128.5	<0.001
11	0.275 16	0.034 75	<0.001**	0.758 2	62.71	<0.001
16	0.294 33	0.022 62	<0.001**	0.894 4	169.3	<0.001
21	0.257 01	0.014 56	<0.001**	0.939 7	311.4	<0.001

*表示在 0.05 水平显著相关；**表示在 0.01 水平显著相关

物量分别为 10.58t/hm²、19.49t/hm²、28.90t/hm² 和 41.27t/hm²。此外，林下草本层生物量也随着恢复时间的增长而增加，6 年生林下草本层生物量为 0.69t/hm²，11 年生林下草本层生物量为 0.73t/hm²，16 年生林下草本层生物量为 0.81t/hm²，21 年生林下草本层生物量为 1.06t/hm²。虽然各林龄草本层生物量随恢复时间依次增加，但草本层生物量占整个生态系统的比例却逐渐降低，林下草本生物量分别占生态系统生物量的 6.12%、3.61%、2.73% 和 2.50%。

表 4.29　不同林龄乌柳人工林生态系统生物量特征（t/hm²）

层次	林龄			
	6 年	11 年	16 年	21 年
乌柳（乔灌层）	10.58	19.49	28.90	41.27
林下草本层	0.69	0.73	0.81	1.06
总计	11.27	20.22	29.71	42.33

4.2.5.5　不同林龄乌柳人工林林分净生产力

不同林龄乌柳人工林净第一生产力见表 4.30。采用平均净生产力来表示林分的生产力，即总生产量除以林龄。随林龄的增加，各林龄乌柳林生产力逐渐增加。不同林龄乌柳人工防护林总平均净生产力分别为 1.76t/(hm²·a)、1.78t/(hm²·a)、1.81t/(hm²·a) 和 1.97t/(hm²·a)。各组分年平均净生产力占该林龄总生产力的比例不同，但不同林龄各组分年平均净生产力大小顺序一致，均为树干＞树根＞树枝＞树叶＞树皮，树干的净第一生产力最高，树皮的净第一生产力最低。

表 4.30　不同林龄乌柳人工林净第一生产力 [t/(hm²·a)]

组分	林龄			
	6 年	11 年	16 年	21 年
树干	0.64	0.98	0.86	0.93
树枝	0.36	0.23	0.25	0.33
树叶	0.16	0.13	0.11	0.09
树皮	0.14	0.11	0.09	0.08
树根	0.47	0.33	0.51	0.53
合计	1.76	1.78	1.81	1.97

6 年生乌柳树干的年平均净生产力为 0.64t/(hm²·a)，占 36.36%；树根为 0.47t/(hm²·a)，占 26.70%；树枝为 0.36t/(hm²·a)，占 20.45%；树叶为 0.16t/(hm²·a)，占 9.09%；树皮为 0.14t/(hm²·a)，占 7.95%。11 年生乌柳树干的年平均净生产力为 0.98t/(hm²·a)，占 55.06%；树根为 0.33t/(hm²·a)，占 18.54%；树枝为 0.23t/(hm²·a)，占 12.92%；树叶为 0.13t/(hm²·a)，占 7.30%；树皮为 0.11t/(hm²·a)，占 6.18%。16 年生乌柳树干的年平均净生产力为 0.86t/(hm²·a)，占 47.51%；树根为 0.51t/(hm²·a)，占 28.18%；树枝为 0.25t/(hm²·a)，占 13.81%；树叶为 0.11t/(hm²·a)，占 6.07%；树皮为 0.09t/(hm²·a)，占 4.97%。21 年生乌柳树干的年平均净生产力为 0.93t/(hm²·a)，占 47.21%；树根为 0.53t/(hm²·a)，占 26.90%；树枝为 0.33t/(hm²·a)，占 16.75%；树叶为 0.09t/(hm²·a)，占 4.57%；树皮为 0.08t/(hm²·a)，占 4.06%。随恢复年代的增加，乌柳人工林净第一生产力依次增加 0.48%、1.91% 和 7.88%。

4.2.5.6　小结

乌柳人工林生态系统生物量也随植被恢复时间的延长而增加，各林龄生态系统生物量分别为 10.58t/hm²、19.49t/hm²、28.90t/hm² 和 41.27t/hm²。乌柳林生物量达到生态系统生物量的 90% 以上，虽然草本层生物量随恢复时间依次增加，但各林龄草本层生物量分别占整个生态系统的比例却逐渐降低，林下草本生物量分别占生态系统生物量的 6.12%、3.61%、2.73% 和 2.50%。不同林龄乌柳人工防护林总平均净生产力分别为 1.76t/（hm²·a）、1.78t/（hm²·a）、1.81t/（hm²·a）和 1.97t/（hm²·a）。即随植被恢复时间的延长，乌柳林生产力也逐渐增加，各组分年平均净生产力占该林龄总生产力的比例不同，但不同林龄各组分年平均净生产力大小顺序一致，均为树干＞树根＞树枝＞树叶＞树皮，树干的净第一生产力最高，乌柳人工防护林对高寒干旱的适应能力较强。

4.2.6　不同林龄乌柳林碳密度碳贮量及其分配特征

当前在全球气候变暖的大背景下，作为全球气候系统的组成部分，不同的生态系统对气候变化的反应并不相同。植被在调节全球气候及维持生态系统碳平衡过程中具有重要的作用，目前对荒漠生态系统究竟是碳源还是碳汇还未有深入且详尽的报道，而对分布在干旱半干旱地区的沙地生态系统，围绕植被固碳功能进行的生态系统服务评价亦较少。

通过进行大面积的植被恢复，人工防护林的建立一方面有效地防止了沙化的蔓延，保护了农作物的生长；另一方面因植被自身的固碳功能使得沙地生态系统具有较大的固碳潜力，也能够揭示通过改变土地利用方式并合理利用土地资源，可使沙地生态系统具备一定的碳汇功能。

4.2.6.1　不同林龄乌柳人工防护林碳贮量及分配特征

不同林龄乌柳人工防护林各组分含碳率变化情况如表 4.31 所示。方差分析说明，不同林龄乌柳人工防护林同一组分含碳率差异未达到显著水平（P＞0.05）。6年生乌柳各器官含碳率变化范围为 0.4105~0.5087gC/g，平均值为 0.4525gC/g。11年生乌柳各器官含碳率变化范围为 0.4523~0.5342gC/g，平均值为 0.4866gC/g。16年生乌柳各器官含碳率变化范围为 0.4514~0.5485gC/g，平均值为 0.4879gC/g。21年生乌柳各器官含碳率变化范围为 0.4701~0.5992gC/g，平均值为 0.5009gC/g。随着乌柳防护林林龄的增加，各组分含碳率变化规律并不明显。6 年生乌柳各组分按含碳率大小排列为树枝＞树干＞树根＞树叶＞树皮。11 年生乌柳各组分按含碳率大小排列为树干＞树枝＞树叶＞树皮＞树根。16 年生乌柳各组分按含碳率大小排列为树干＞树枝＞树叶＞树根＞树皮。21 年生乌柳各组分按含碳率大小排列为树干＞树枝＞树叶＞树皮＞树根。各林龄地上部分含碳率均占该林龄总含碳率的80%以上。

表 4.31　不同林龄乌柳人工林各组分含碳率变化特征（gC/g）

组分	林龄			
	6 年	11 年	16 年	21 年
树干	0.4774±0.0336	0.5342±0.0383	0.5485±0.0848	0.5992±0.1243
树枝	0.5087±0.0443	0.5147±0.0292	0.4964±0.0275	0.4928±0.1215
树叶	0.4160±0.0553	0.4668±0.0218	0.4871±0.0844	0.4722±0.0675
树皮	0.4105±0.0107	0.4650±0.0156	0.4514±0.0361	0.4704±0.0384
树根	0.4500±0.0509	0.4523±0.0272	0.4561±0.0379	0.4701±0.0448
各组分平均	0.4525±0.0390	0.4866±0.0264	0.4879±0.0541	0.5009±0.0793

各林龄乌柳林根系含碳率及其变化如表 4.32 所示。不同林龄根系碳密度之间未达到显著水平（P＞0.05）。虽然随植被恢复年数的增加根系含碳率逐渐增加，但是不同林龄粗根、中根、细根含碳率变化规律并不一致。6 年生乌柳根系含碳率为 0.4334~0.4690gC/g。11 年生根系含碳率为 0.4328~0.4717gC/g。16 年生根系含碳率为 0.4211~0.5030gC/g。21 年生乌柳林根系含碳率为 0.4563~0.4784gC/g。各林龄根系生物量占该林龄总含碳率的 20% 左右，对 6 年生乌柳来说，粗根含碳率较高，而 11 年生细根含碳率较大，16 年生根系含碳率粗根＞中根＞细根，而21 年生中根＞细根＞粗根。

不同林龄乌柳人工防护林各组分碳贮量特征见表 4.33。随着植被恢复时间的增加，不同林龄乌柳林各组分碳贮量变化与生物量变化情况一致，均呈增加趋势。各组分的碳贮量与其生物量呈正线性相关关系，各林龄乌柳林生物量依次为10.58t/hm²、19.49t/hm²、28.90t/hm² 和 41.27t/hm²，碳贮量分别为 4.95t/hm²、9.93t/hm²、14.67t/hm² 和 21.99t/hm²。不同林龄乌柳人工林各组分碳库分配比例情

表 4.32　不同林龄乌柳人工林根系含碳率及其变化（gC/g）

组分	林龄			
	6 年	11 年	16 年	21 年
粗根	0.4690±0.0106	0.4524±0.0231	0.5030±0.0199	0.4563±0.0155
中根	0.4478±0.0107	0.4328±0.0105	0.4442±0.0648	0.4784±0.0698
细根	0.4334±0.1316	0.4717±0.0481	0.4211±0.0289	0.4754±0.0490
平均	0.4500±0.0509	0.4523±0.0272	0.4561±0.0379	0.4701±0.0448

况见图 4.26。虽然不同林龄乌柳林各组分碳贮量变化随植被恢复时间的延长而增加，但是不同林龄不同组分碳库的分配比例并不一致。6 年生乌柳树干、树根、树枝、树叶、树皮各组分碳库所占比例分别为 36.96%、25.66%、22.42%、8.28%和 6.66%。其他三个林龄总体来说，树干碳贮量所占比例在 50%左右，树根碳贮量所占比例在 20%上下，树枝则占 10%左右，树皮和树叶碳贮量分别占林分碳贮量的百分比则不足 10%。各林龄树干的碳贮量占林分碳贮量的百分比最高。

表 4.33　不同林龄乌柳人工林各组分碳贮量特征（t/hm^2）

组分	林龄			
	6 年	11 年	16 年	21 年
树干	1.83±0.33Aa	5.73±0.36Ba	7.52±1.16Ba	11.67±2.20Ca
树枝	1.11±0.24Ab	1.30±0.04Ac	1.95±0.20Bc	3.36±0.60Cc
树叶	0.41±0.08Ac	0.69±0.08Bd	0.84±0.14BCd	0.89±0.08Cd
树皮	0.33±0.06Ac	0.57±0.11Bd	0.67±0.05Bd	0.81±0.04Cd
树根	1.27±0.02Ab	1.64±0.05Bb	3.69±0.22Cb	5.26±0.07Db
地上部分	3.68±0.71A	8.29±0.59B	10.98±1.55C	16.73±2.92D
合计	4.95±0.73A	9.93±0.64B	14.67±1.77C	21.99±2.99D

注：不同大写字母表示同一组分不同林龄差异显著，不同小写字母表示同一林龄不同组分差异显著（$P<0.05$）

4.2.6.2　不同林龄乌柳人工防护林土壤碳密度垂直分布特征

随植被恢复时间的增加，不同林龄乌柳人工林不同深度土壤有机碳浓度变化特征如表 4.34 所示，不同林龄乌柳林土壤有机碳浓度差异显著（$P<0.05$），且同一林龄不同深度变化不同。具体来说，土壤表层随植被恢复时间的增加，16 年生与 21 年生之间无显著差异（$P>0.05$），但是两林龄显著高于 6 年生和 11 年生（$P<0.05$），而 11 年生与 6 年生之间差异显著（$P<0.05$），这也与 10~20cm深度变化相同。20~30cm 各林龄之间差异显著（$P<0.05$），21 年生乌柳林土壤有机碳浓度显著高于其他林龄（$P<0.05$）。30~50cm，21 年生与 16 年生之间无显著差异（$P>0.05$），但是显著高于 6 年生和 11 年生（$P<0.05$），16 年生与 6 年生之间差异亦显著（$P<0.05$），但是与 11 年生之间无显著差异。50~100cm，21 年生

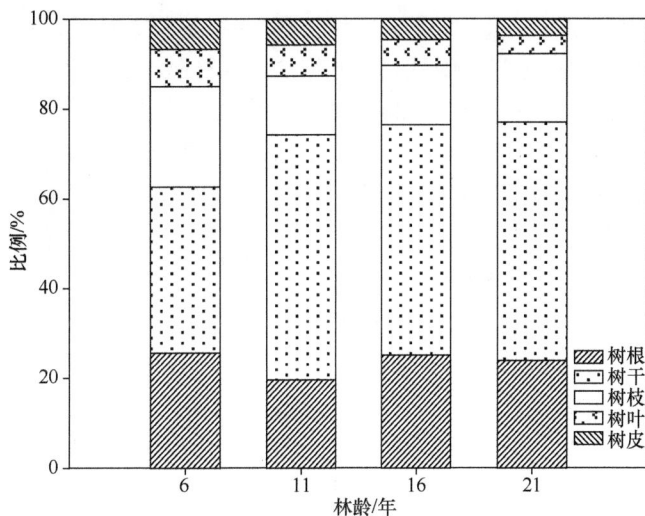

图 4.26　不同林龄乌柳人工林各组分碳库分配比例

显著高于 6 年生（$P<0.05$），但是与 11 年生和 16 年生之间无显著差异（$P>0.05$），而 6 年生、11 年生和 16 年生之间差异亦不显著（$P>0.05$）。100~150cm，16 年生与 21 年生显著高于 6 年生和 11 年生（$P<0.05$），但是两者之间无显著差异（$P>0.05$），而 11 年生亦显著高于 6 年生（$P<0.05$），这也与 150~200cm 深度变化相同。

表 4.34　不同林龄乌柳人工林土壤有机碳浓度特征

深度/cm	各林龄土壤有机碳浓度/(gC/kg)			
	6 年	11 年	16 年	21 年
0~10	3.91±0.39Abc	9.22±0.99Ba	10.58±0.42Ca	10.81±0.84Ca
10~20	6.67±0.66Aa	5.58±0.84Bb	9.58±1.04Cb	10.05±0.93Cb
20~30	4.43±0.63Ab	2.86±0.67Bd	5.36±0.23Ccd	8.71±0.38Dc
30~50	3.87±0.43Abc	4.20±1.23ABbcd	4.92±0.53BCd	5.79±0.27Cd
50~100	3.67±0.52Ac	4.71±0.44ABd	4.93±0.54ABd	5.78±1.02Bd
100~150	2.08±1.11Ad	4.09±1.04Bcd	5.18±0.40Ccd	5.44±0.39Cd
150~200	2.22±0.28Ad	4.43±1.33Bc	5.14±0.80Cc	5.82±0.30Cd
平均	3.84±1.49	4.98±2.03	6.62±2.29	7.46±2.23

注：不同大写字母表示同一深度不同林龄之间差异显著，不同小写字母表示同一林龄不同深度之间差异显著（$P<0.05$），下同

不同林龄乌柳人工林土壤有机碳垂直分布及碳库特征见表 4.35。同一深度不同林龄乌柳土壤有机碳含量总体差异显著（$P<0.05$）。由于在计算土壤有机碳库时，深度超过 50cm 的土层每隔 50cm 进行取样，故深层碳库因取样深度的增加有机碳的含量较高，但若平均到单层，土壤有机碳库是很小的。具体来说，在 0~10cm，21 年生显著高于 6 年生和 11 年生（$P<0.05$），但是与 16 年生无显

著差异（$P>0.05$），而 16 年生亦高于 6 年生和 11 年生（$P<0.05$），这也与 10~20cm 变化相同。20~30cm，随植被恢复时间的增加，各林龄土壤碳库均差异显著（$P<0.05$）。30~50cm 由于取样深度达 20cm，因此整体有机碳库有所增加，21 年生显著高于 6 年生和 11 年生（$P<0.05$），但是与 16 年生无显著差异（$P>0.05$），而 16 年生、11 年生和 6 年生之间亦无显著差异（$P>0.05$）。深层土壤有机碳库也有显著差异，50~100cm，21 年生显著高于 6 年生（$P<0.05$），但是与 11 年生和 16 年生之间无显著差异（$P>0.05$），而 6 年生、11 年生和 16 年生之间亦无显著差异（$P>0.05$）。100~150cm，21 年生显著高于 6 年生和 11 年生（$P<0.05$），但是与 16 年生无显著差异（$P>0.05$），而 6 年生与 11 年生之间差异亦显著（$P<0.05$），这也与 150~200cm 深度变化相同。总体来说，土壤碳库随植被恢复时间的增加而增加，较之 6 年生，11 年生土壤碳库增加 26.78%，16 年生较 11 年生提高 24.16%，21 年生较 16 年生提高 9.82%。沙地人工防护林土壤碳库随植被恢复时间的增长而增加。

表 4.35 不同林龄乌柳人工林土壤有机碳垂直分布及碳库特征

深度/cm	各林龄土壤有机碳库/(t/hm^2)			
	6 年	11 年	16 年	21 年
0~10	0.60±0.04A	1.41±0.10B	1.60±0.03C	1.61±0.11C
10~20	0.96±0.04A	0.79±0.03B	1.35±0.08C	1.39±0.07C
20~30	0.68±0.06A	0.45±0.05B	0.82±0.01C	1.28±0.01D
30~50	1.15±0.09A	1.27±0.24A	1.45±0.19AB	1.70±0.07B
50~100	2.80±0.19A	2.43±0.63AB	3.51±0.30AB	4.26±0.40B
100~150	1.61±0.52A	3.19±0.57B	3.97±0.09BC	4.13±0.32C
150~200	1.75±0.13A	3.50±0.69B	4.47±0.34BC	4.67±0.47C
合计	9.54±1.06	13.03±2.31	17.18±1.04	19.05±1.45

注：不同大写字母表示同一深度不同林龄之间差异显著（$P<0.05$）

4.2.6.3 不同林龄乌柳林土壤碳密度与容重和全氮的相关关系

土壤容重与土壤有机碳含量之间的关系较为密切，尤其是在沙地异质性较强的环境下，不同林龄乌柳林土壤有机碳含量随着土壤容重的减小而增加，并且随着恢复时间的增加而逐渐增加，土壤容重、土壤有机碳与林龄之间的关系见图 4.27，以土壤有机碳作为响应变量，以土壤容重和林龄作为解释变量，模拟植被恢复过程中随林龄与土壤容重的变化土壤有机碳的变化特征，可以表示为

$$z=-180.253+1.2x+255.136y-0.011x^2-0.474xy-89.186y^2 \quad (R^2=0.458, \ P<0.01)$$

式中，x 为林龄；y 为土壤容重；z 为土壤有机碳。

此外，随深度的变化，不同林龄土壤有机碳含量差异显著，而差异显著的主要原因，就是沙地异质性较强，导致土壤容重发生改变。不同林龄乌柳人工林土

壤有机碳与土壤容重随着深度的变化趋势见图 4.27，以土壤深度和土壤容重作为解释变量，以土壤有机碳作为响应变量，模拟植被恢复过程中随深度及土壤容重的变化导致土壤有机碳的变化，可以表示为

$$z=-359.406-0.193x+518.887y+3.1633\times10^{-4}x^2+0.078xy-182.25y^2\ (R^2=0.521,\ P<0.01)$$

式中，x 为深度；y 为土壤容重；z 为土壤有机碳。

当综合林龄与深度两个变量后，建立土壤容重和土壤有机碳的一元回归方程，可得土壤容重与土壤有机碳呈极显著的负相关，随着土壤容重的降低，土壤有机碳含量逐渐增加。以土壤容重作为解释变量（x），土壤有机碳作为响应变量（y），进行线性回归，土壤容重的变化显著影响土壤有机碳含量，土壤有机碳含量与土壤容重之间呈极显著负相关关系，回归方程可表示为

$$y=39.129-22.187x\ (R^2=0.247,\ P<0.001)$$

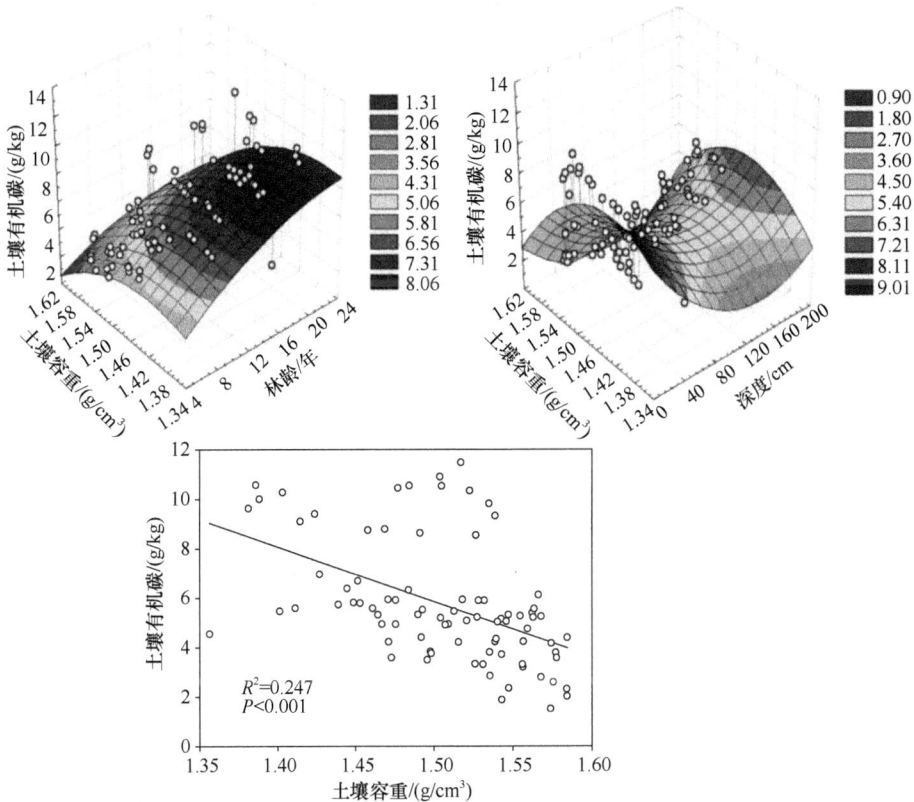

图 4.27　不同林龄不同深度乌柳人工林土壤有机碳与土壤容重的关系

陆地生态系统碳循环与氮循环密切相关，而沙地生态系统因其自身的异质性碳氮循环更加密切，尤其在海拔高、气温低的高寒沙地，关于碳氮循环之间的相关关系的报道较少，碳贮量与碳通量在一定程度上受到氮循环的影响和限制，而

土壤中的氮素含量大体上受土壤有机质与土壤有机碳的影响，土壤有机碳的保持在很大程度上决定土壤全氮的水平。

图 4.28 所示为不同林龄土壤有机碳和土壤全氮随林龄与深度的变化模拟，随着林龄的增加，土壤有机碳与土壤有机质均显著增加，但可以发现在高寒沙地，土壤氮素的含量极低，以全氮含量和林龄作为解释变量，土壤有机碳作为响应变量，来模拟植被恢复过程中随林龄的增加土壤有机碳与土壤全氮的变化，可以表示为

$$z=-2.611+75.486x+0.613y+1867.623x^2-6.634xy-0.011y^2 （R^2=0.392，P<0.01）$$

式中，x 为林龄；y 为全氮；z 为土壤有机碳。

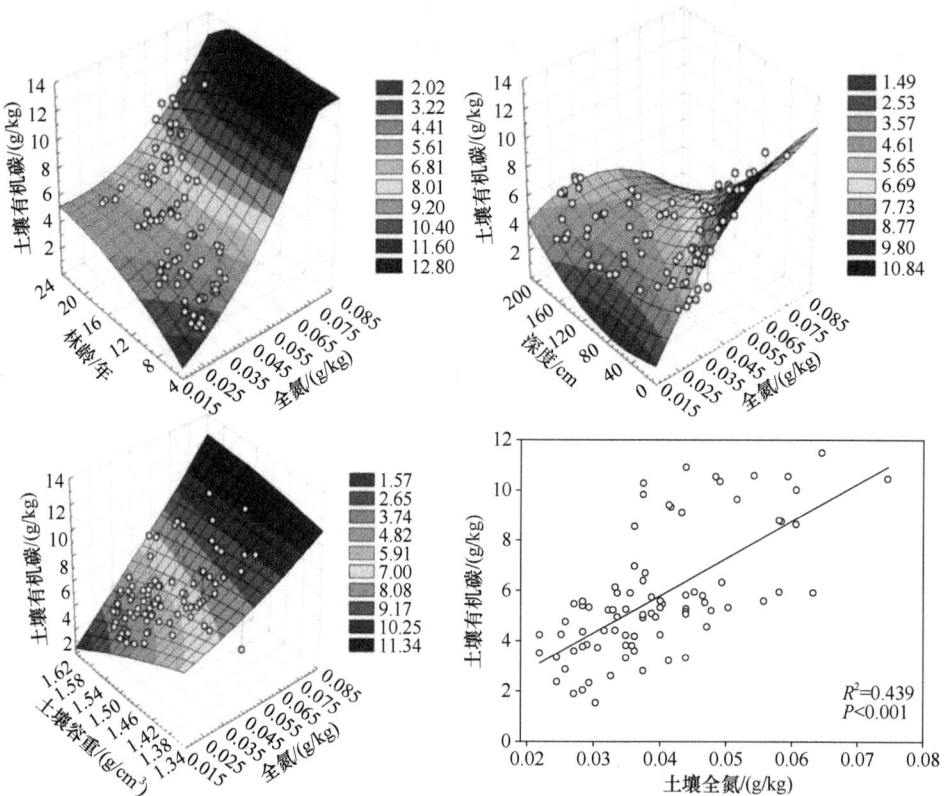

图 4.28　乌柳人工林土壤有机碳、土壤全氮随林龄和深度的变化关系

此外，随深度的变化，不同林龄土壤有机碳含量与土壤全氮的含量在浅层土壤和深层土壤中都发生了显著的变化，以全氮含量和深度作为解释变量，土壤有机碳作为响应变量，来模拟植被恢复过程中随林龄的增加土壤有机碳与土壤全氮的变化，模型可以表示为

$$z=-3.668+368.861x-0.009y-2186.34x^2-0.965xy+1.736×10^{-4}y^2 （R^2=0.427，P<0.01）$$

式中，x 为深度；y 为全氮；z 为土壤有机碳。

　　与此同时，我们还建立了关于土壤有机碳和土壤全氮随土壤容重的变化而变化的模型，随土壤容重的降低，土壤有机碳与土壤全氮均呈增加趋势，以土壤容重和土壤全氮作为解释变量，以土壤有机碳作为响应变量，该模型可表示为

$$z=14.568+8.321x-436.087y-11.329x^2+355.518xy+308.324y^2 \quad (R^2=0.340，P<0.01)$$

　　综合林龄与深度的变化，对土壤全氮和土壤有机碳进行一元回归，并建立土壤有机碳和土壤全氮的一元回归方程，以土壤全氮作为解释变量（x），以土壤有机碳作为响应变量（y），土壤有机碳与土壤全氮呈极显著正相关关系，回归方程可以表示为

$$y=-0.137+14.830x \quad (R^2=0.439，P<0.001)$$

4.2.6.4　不同林龄乌柳人工防护林碳库及分配特征

　　随植被恢复时间的增加，不同林龄乌柳人工防护林生态系统碳库变化特征如表 4.36 所示，各林龄（从小到大）碳库分别为 14.76t/hm^2、23.25t/hm^2、32.18t/hm^2 和 41.48t/hm^2。其中乌柳（乔灌层）碳库分别为 4.95t/hm^2、9.93t/hm^2、14.67t/hm^2 和 21.99t/hm^2；林下草本层碳库分别为 0.27t/hm^2、0.29t/hm^2、0.33t/hm^2、0.43t/hm^2；土壤层（0~200cm）碳库分别为 9.54t/hm^2、13.03t/hm^2、17.18t/hm^2 和 19.05t/hm^2。乌柳林碳库随恢复时间的延长逐渐增加。各林龄乌柳（乔灌层）碳库分别占该林龄总碳库的 33.54%、42.71%、45.59% 和 53.01%，各林龄土壤碳库分别占该林龄总碳库的 64.63%、56.04%、53.39% 和 45.93%。而林下草本层分别占该林龄总碳库的 1.83%、1.25%、1.03% 和 1.03%。较之恢复前（CK），各林龄碳库分别增加 57.05%、36.52%、27.75% 和 22.42%。据青海省治沙试验站的记载，植被恢复区乌柳造林总面积为 223.2hm^2，按照各林龄碳贮量的平均值，即 12.795t/hm^2 进行计算，则植被恢复区乌柳林固碳量为 2855.844MgC。

表 4.36　不同林龄乌柳人工林生态系统碳库变化（t/hm^2）

组分	林龄									
	CK		6 年		11 年		16 年		21 年	
	生物量	碳贮量	生物量	碳贮量	生物量	碳贮量	生物量	碳贮量	生物量	碳贮量
乌柳（乔灌层）			10.58	4.95	19.49	9.93	28.90	14.67	41.27	21.99
草本层	1.71	0.70	0.69	0.27	0.73	0.29	0.81	0.33	1.06	0.43
合计	1.71	0.70	11.27	5.22	20.22	10.22	29.71	15.00	42.33	22.42
土壤层		5.64		9.54		13.03		17.18		19.05
总计		6.34		14.76		23.25		32.18		41.48

　　通过对不同林龄乌柳林各组分生物量与碳贮量进行拟合，以碳贮量作为响应变量，以各组分生物量作为解释变量，所得拟合结果见表 4.37。由表 4.37 可知，树根生物量与碳贮量回归方程的相关系数最高（$R^2=0.9902$），树枝与树叶的相关

系数较低,但乌柳林各组分(树干、树枝、树叶、树皮、树根)的回归方程相关性均达到显著水平。

不同林龄乌柳人工林净初级生产力及净固碳量见表 4.38。由表 4.38 可知,6 年生、11 年生、16 年生和 21 年生乌柳人工林生态系统的净生产力分别为 1.76t/(hm²·a)、1.78t/(hm²·a)、1.81t/(hm²·a)和 1.97t/(hm²·a),各林龄年均净固碳量分别为 0.83t/(hm²·a)、0.90t/(hm²·a)、0.92t/(hm²·a)和 1.05t/(hm²·a)。均以树干的净固碳量最高。由于乌柳为落叶灌木或小乔木,当年乌柳树叶的生物量即转变为当年乌柳林的凋落物,因此当年凋落物中固碳量分别为 0.07t/(hm²·a)、0.06t/(hm²·a)、0.05t/(hm²·a)和 0.04t/(hm²·a),分别占当年净固碳量的 8.43%、6.67%、5.43%和 3.81%。随林龄的增加各林龄乌柳林年净固碳量逐渐增加,乌柳人工防护林具有"碳汇"功能。

表 4.37　不同林龄乌柳人工林各组分碳贮量和生物量的回归方程

各组分	回归方程	相关系数 R^2
树干	$y=0.6158x-67.2032$	0.9007
树枝	$y=0.4570x+15.7343$	0.8674
树叶	$y=0.5175x-7.9169$	0.8294
树皮	$y=0.4768x-3.1260$	0.9479
树根	$y=0.4720x-7.4026$	0.9902
总碳贮量	$y=0.5026x+86.3742$	0.9614

表 4.38　不同林龄乌柳人工林净初级生产力及净固碳量 $[t/(hm^2 \cdot a)]$

组分	6 年		11 年		16 年		21 年	
	净生产力	净固碳量	净生产力	净固碳量	净生产力	净固碳量	净生产力	净固碳量
树干	0.64	0.31	0.98	0.52	0.86	0.47	0.93	0.56
树枝	0.36	0.19	0.23	0.12	0.25	0.12	0.33	0.16
树叶	0.16	0.07	0.13	0.06	0.11	0.05	0.09	0.04
树皮	0.14	0.06	0.11	0.05	0.09	0.04	0.08	0.04
树根	0.47	0.21	0.33	0.15	0.51	0.23	0.53	0.25
合计	1.76	0.83	1.78	0.90	1.81	0.92	1.97	1.05

4.2.6.5　小结

随着乌柳防护林林龄的增加,各组分碳密度变化规律并不明显。其中,6 年生乌柳各组分按碳密度大小排列为树枝>树干>树根>树叶>树皮。11 年生乌柳各组分按碳密度大小排列为树干>树枝>树叶>树皮>树根。16 年生乌柳各组分按碳密度大小排列为树干>树枝>树叶>树根>树皮。21 年生乌柳各组分按碳密度大小排列为树干>树枝>树叶>树皮>树根,各林龄地上部分含碳率均占该林龄总含碳率的 80%以上。此外,不同林龄粗根、中根、细根碳密度变化规律并不一致。对 6 年生乌柳来说，粗根含碳率较高，而 11 年生细根含碳率较大，16 年生根系含碳率粗根＞中根＞细根，而 21 年生中根＞细根＞粗根。由此可见，随着植被恢复时间的不断增加，不同林龄粗根、中根和细根的变化并不一致。

不同林龄乌柳林地上部分固碳量与地下部分固碳量随植被恢复时间的延长而增加。6 年生、11 年生、16 年生和 21 年生乌柳人工防护林生态系统碳库分别为 14.76t/hm²、23.25t/hm²、32.18t/hm² 和 41.48t/hm²，主要由乌柳林、草本层及土壤层组成，其中乌柳林碳库分别为 4.95t/hm²、9.93t/hm²、14.67t/hm² 和 21.99t/hm²，林下草本层碳库分别为 0.27t/hm²、0.29t/hm²、0.33t/hm²、0.43t/hm²，土壤层碳库分别为 9.54t/hm²、13.03t/hm²、17.18t/hm² 和 19.05t/hm²，乌柳林碳库随恢复时间的延长逐渐增加。按照各林龄碳贮量的平均值，即 12.795t/hm² 进行计算，则植被恢复区乌柳林固碳量为 2855.844MgC。

4.2.7　不同林龄乌柳林的水分利用策略

近年来，国内许多学者通过研究共和盆地天然及人工林地内植物的生态功能性状，探索当地相关植物对高寒干旱环境的适应机制和对环境的改良作用（杨洪晓等，2004；齐雁冰和常庆瑞，2005；李永华等，2005）。然而，对当地植物利用的主要水分来源和水分利用效率还不了解，无法判断当地的水资源条件是否能够满足人工林生长的需要，从而确定人工林能否在当地长期稳定生长。因此，利用稳定氢氧同位素技术分析比较人工乌柳林是否随林龄（5 年生、9 年生和 25 年生）变化而选择性地利用不同深度的土壤水分，以及利用稳定碳同位素技术比较它们的长期水分利用效率变化，从而了解乌柳对共和盆地高寒干旱环境的适应机制，对人工乌柳林的保育和防沙治沙实践中植物的选择具有参考意义。

4.2.7.1　不同林龄乌柳林土壤含水量的变化

我们挖取土壤剖面时的观察表明，5 年生乌柳林≥100cm 处的土壤为黏土，其余各层为细沙土。9 年生乌柳林 100~150cm 的土壤为黏土，其余各层为细沙土。25 年生乌柳林的 20~100cm 土壤为细沙土与少量黏土的混合，其余各层土壤均为黏土。

5 年生乌柳林的各层土壤含水量差异显著（$P<0.05$），其中 100cm 的土壤含水量最高，达 21.03%，显著高于其他层（$P<0.05$）；50cm 的土壤含水量最低，只有 1.57%［图 4.29（A）］。9 年生乌柳林 30cm 的土壤含水量最低，为 2.3%；30~150cm 的土壤含水量随着深度的增加而增大，150cm 的含水量最高，达到 24.34%左右，显著高于其他层（$P<0.05$）［图 4.29（B）］。25 年生乌柳林的表层（10cm）含水量最高，为 32.41%左右；随后土壤含水量逐渐降低，直至 100cm 处降为最低，为 6.72%左右；100~200cm 土壤含水量逐渐增大，200cm 含水量为 24.97%左右［图 4.29（C）］。

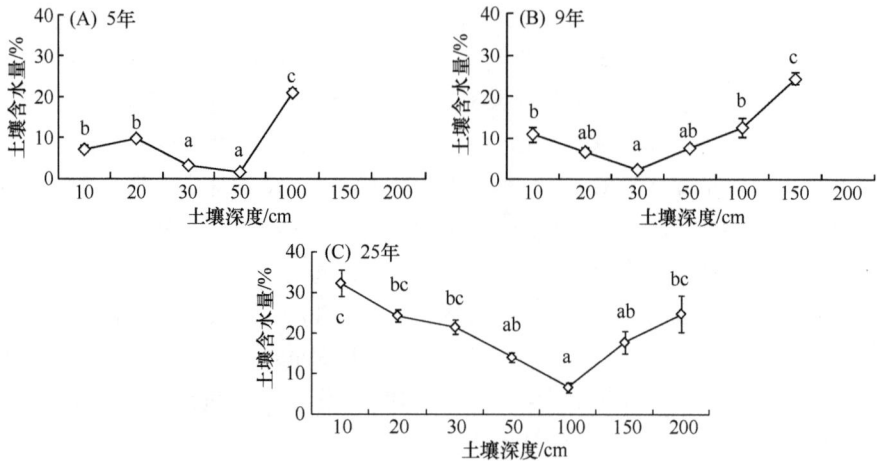

图 4.29 不同林龄乌柳林的土壤含水量

图中以不同小写字母标记表示不同深度的土壤含水量差异显著（$P<0.05$），下同

4.2.7.2 不同林龄乌柳林土壤和枝条水分的 δD 值的变化

2009 年 8 月初共和站共记录 3 次降雨，分别是 8 月 2 日（8.3mm）、8 月 7 日（8.5mm）和 8 月 9 日（3.5mm），雨水的 δD 值分别为（−86.66±0.09）‰、（−7.47±0.39）‰和（−4.04±0.24）‰。乌柳生境附近井水的 δD 值为（−57.13±0.85）‰，井水水面深 2~3m。

5 年生乌柳枝条木质部水分的 δD 值与其生境中土壤的 30cm 水分的 δD 值最接近（$P>0.05$）[图 4.30（A）]。5 年生乌柳生境中 10~20cm 土壤水分的 δD 值与 2009 年 8 月 7 日 8.5mm 降雨的雨水的 δD 值接近 [图 4.30（A）]，表明表层土壤水分主要来源于降雨。5 年生乌柳生境中 100cm 处土壤水分的 δD 值接近井水的 δD 值 [图 14.2（A）]，表明地下水毛管上升补充了土壤水分。

9 年生乌柳枝条木质部水分的 δD 值与其生境中土壤的 20~50cm 和 150cm 水分的 δD 值接近（$P>0.05$）。9 年生乌柳生境中 30~50cm 和 150cm 土壤水分的 δD 值与井水的 δD 值接近，各层土壤水分的 δD 值与三次降水的 δD 值均相差较远[图 4.30（B）]。

25 年生乌柳枝条木质部水分的 δD 值与其生境中土壤的 10~20cm 和 50cm 水分的 δD 值接近（$P>0.05$）。25 年生乌柳生境中 30~200cm 土壤水分的 δD 值与井水的 δD 值接近，各层土壤水分的 δD 值与三次降水的 δD 值均相差较远 [图 4.30（C）]。

4.2.7.3 不同林龄乌柳林土壤和枝条水分的 δ18O 值的变化

采样之前，共和站记录的 3 次降雨雨水 δ18O 值分别为（−12.57±0.05）‰、（−3.16±0.08）‰和（0.43±0.06）‰。乌柳生境附近井水的 δ18O 值为（−8.05±0.12）‰。

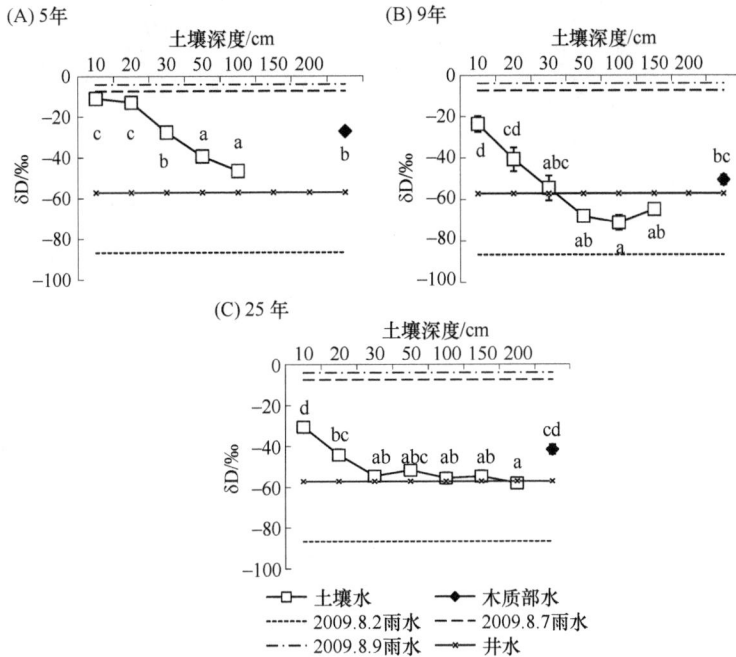

图 4.30　不同林龄乌柳的土壤和枝条水分的 δD 值

5 年生乌柳枝条木质部水分的 $\delta^{18}O$ 值与其生境中土壤的 10~50cm 水分的 $\delta^{18}O$ 值接近 [图 4.31（A）]（$P>0.05$）。5 年生乌柳生境中 10~20cm 和 50cm 土壤水分的 $\delta^{18}O$ 值与 2009 年 8 月 7 日 8.5mm 降雨的雨水的 $\delta^{18}O$ 值接近，100cm 处土壤水分的 $\delta^{18}O$ 值接近井水的 $\delta^{18}O$ 值 [图 4.31（A）]。

9 年生乌柳枝条木质部水分的 $\delta^{18}O$ 值与其生境中土壤 20~30cm、50cm 和 150cm 水分的 $\delta^{18}O$ 值接近（$P>0.05$）。9 年生乌柳生境中 10~20cm 土壤水分的 $\delta^{18}O$ 值与 2009 年 8 月 7 日 8.5mm 降雨的雨水的 $\delta^{18}O$ 值接近，30~50cm 和 150cm 土壤水分的 $\delta^{18}O$ 值与井水的 $\delta^{18}O$ 值接近 [图 4.31（B）]。

25 年生乌柳枝条木质部水分的 $\delta^{18}O$ 值与其生境中土壤的 10~20cm 水分的 $\delta^{18}O$ 值接近（$P>0.05$）。25 年生乌柳生境中 10cm 土壤水分的 $\delta^{18}O$ 值与 2009 年 8 月 7 日 8.5mm 降雨的雨水的 $\delta^{18}O$ 值接近，30cm 和 100~200cm 土壤水分的 $\delta^{18}O$ 值与井水的 $\delta^{18}O$ 值接近 [图 4.31（C）]。

4.2.7.4　不同林龄乌柳林叶片 $\delta^{13}C$ 值的变化

叶片的稳定碳同位素的测量结果表明，乌柳叶片 $\delta^{13}C$ 值在不同林龄植株间存在显著差异（$P<0.05$）。其中，5 年生乌柳叶片 $\delta^{13}C$ 值显著高于 9 年生和 25 年生乌柳叶片的 $\delta^{13}C$ 值（$P<0.05$），但 9 年生乌柳叶片 $\delta^{13}C$ 值与 25 年生乌柳叶片 $\delta^{13}C$ 值的差异不显著（$P>0.05$）（图 4.32）。乌柳叶片 $\delta^{13}C$ 值的范围在 C_3 植物的叶片

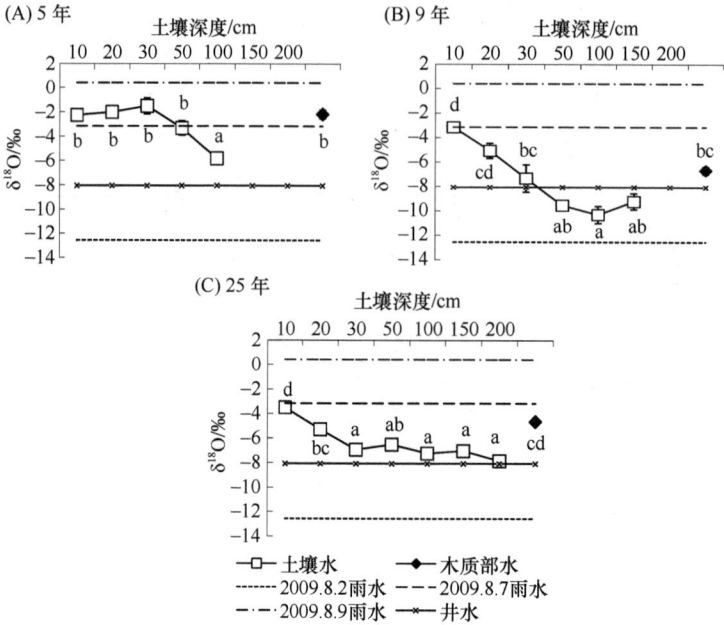

图 4.31　不同林龄乌柳的土壤和枝条水分的 $\delta^{18}O$ 值

$\delta^{13}C$ 值范围内（-35‰~-20‰），因此它是 C_3 植物，叶片的 $\delta^{13}C$ 值可以反映它的长期水分利用效率（陈世苹等，2002）。

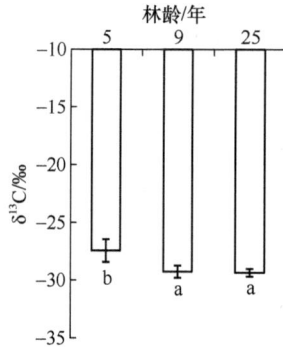

图 4.32　不同林龄乌柳叶片 $\delta^{13}C$ 值的变化

4.2.7.5　小结

乌柳在不同林龄有着不同的生存策略，5 年生乌柳只能利用降雨而没有利用地下水，采取提高水分利用效率来适应当地的半干旱环境。而 9 年生和 25 年生乌柳能够同时利用降雨和地下水，受到相对较小的水分胁迫，水分利用效率相对较低。虽然由于林下土壤质地的不同，25 年生乌柳林的细根并没有继续向更深土层发育，但 25 年生和 9 年生乌柳叶片 $\delta^{13}C$ 值类似，表明 25 年生乌柳并没有发生显著退化，这就说明 9~25 年生阶段的乌柳林正处于稳定时期，能够同时利用降雨和地下水。在筛选适宜的固沙植物和设计种植密度时，植物水分利用策略应是重点考虑问题。研究表明，大面积种植主要利用地下水的植物会导致其生境内地下水发生不可逆转的亏缺（Ohte et al.，2003）。但是，在已经形成良性循环的生态系统中，植物对水分的吸收不会造成对土壤水分的过度利用，以及生态系统的退化和环境恶化（李鹏等，2002）。因此，乌柳是否可以作为共和盆地沙化土地治理的主要灌木进行大面积栽植，还需要对其耗水特性进行深入研究，包括分析乌柳的根系分布及其他水分生理生态特性（如枝条水势和液流等）。

4.3 中间锦鸡儿防护林的土壤改良效应及水分利用策略

中间锦鸡儿，为豆科锦鸡儿属多年生灌木。它具有抗旱、适应性强、生长旺盛等特点，不仅是防风固沙、水土保持的重要旱生灌木，还有较高的饲用价值，是共和盆地流动沙丘植被恢复的主要物种。本节从恢复生态学角度出发，对处于不同恢复阶段中间锦鸡儿防护林的土壤性质、根系分布特征及水分利用策略等方面进行研究，为中间锦鸡儿防护林的可持续经营提供参考，并为中间锦鸡儿在高寒沙地的大面积推广提供理论依据。

4.3.1 不同林龄中间锦鸡儿人工林的土壤改良效应

中间锦鸡儿是青海共和盆地沙丘上的典型固沙植物。中间锦鸡儿人工林建立后，研究不同林龄（3 年、11 年、25 年和 37 年）中间锦鸡儿人工林的土壤改良效应，为人工固沙林的可持续经营提供参考，并且为中间锦鸡儿在高寒沙地的大面积推广提供理论依据。

4.3.1.1 不同林龄中间锦鸡儿人工林土壤含水量的变化

在 0~5cm、5~10cm、10~20cm 和 70~100cm，林龄对土壤含水量影响显著（$P<0.05$）；在其他深度，林龄对土壤含水量影响不显著（$P>0.05$）（图 4.33）。在 0~5cm、5~10cm 和 10~20cm，25 年生和 37 年生人工林的土壤含水量显著高于 3 年生和 11 年生（$P<0.05$），25 年生又显著高于 37 年生（$P<0.05$）。土壤深度对 4 个林龄人工林的土壤含水量影响显著（$P<0.05$）。3 年生、11 年生和 37 年生人工林 5~10cm 的含水量都显著高于 0~5cm 的含水量（$P<0.05$）。25 年生和 37 年生人工林 0~5cm、5~10cm 和 10~20cm 的土壤含水量显著高于其他深度（$P<0.05$），其他深度的土壤含水量无显著差异（$P>0.05$）。双因素方差分析结果表明：林龄、土壤深度及其相互作用对土壤含水量影响极显著（$P<0.001$）（表 4.39）。

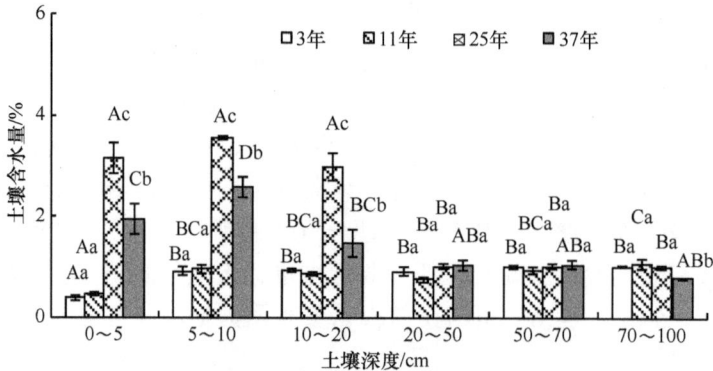

图 4.33　不同林龄中间锦鸡儿人工林土壤含水量随深度的变化

不同大写字母表示同一林龄 6 个土壤深度之间的含水量差异显著，不同小写字母表示同一土壤深度
4 个林龄之间的含水量差异显著（$P<0.05$），下同

表 4.39　林龄、土壤深度及其相互作用对中间锦鸡儿人工林土壤含水量、有机质、铵态氮、
硝态氮、速效磷和速效钾含量的影响

影响	林龄		土壤深度		林龄×土壤深度	
	F	P	F	P	F	P
土壤含水量	119.650	<0.001	41.430	<0.001	24.400	<0.001
有机质	7.127	<0.001	12.906	<0.001	1.866	0.052
铵态氮	30.580	<0.001	5.960	<0.001	0.466	0.950
硝态氮	45.520	<0.001	18.530	<0.001	1.730	0.064
速效磷	16.690	<0.001	1.800	0.123	2.393	0.007
速效钾	12.860	<0.001	1.410	0.232	2.160	0.016

4.3.1.2　不同林龄中间锦鸡儿人工林土壤有机质含量变化

在 10~20cm 和 70~100cm，林龄对土壤有机质含量影响显著（$P<0.05$）；在其他深度中，林龄对土壤有机质含量的影响不显著（$P>0.05$）（图 4.34）。在 10~20cm，25 年生人工林的土壤有机质含量显著高于 3 年生、11 年生和 37 年生。在 70~100cm，37 年生人工林的土壤有机质含量显著高于其他 3 个林龄（$P<0.05$）。土壤深度对 11 年生人工林有机质含量影响不显著（$P>0.05$）；对 3 年生、25 年生和 37 年生人工林有机质含量影响显著（$P<0.05$）。25 年生人工林 0~5cm、5~10cm 和 10~20cm 的有机质含量显著高于深层的 3 个深度（$P<0.05$）。37 年生人工林 5~10cm 和 10~20cm 的有机质含量显著高于 20~50cm 和 50~70cm（$P<0.05$）。双因素方差分析结果表明：林龄和土壤深度对有机质含量影响极显著（$P<0.001$），但是二者的相互作用对其影响不显著（$P>0.05$）（表 4.39）。

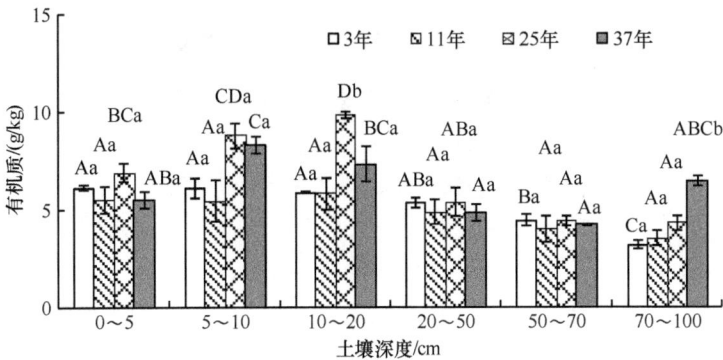

图 4.34　不同林龄中间锦鸡儿人工林土壤有机质含量随深度的变化

4.3.1.3　不同林龄中间锦鸡儿人工林土壤铵态氮含量变化

在 10~100cm 各深度中，林龄对铵态氮含量的影响显著（$P<0.05$）；在 0~5cm 和 5~10cm，林龄对铵态氮含量的影响不显著（$P>0.05$）（图 4.35）。在 10~20cm 和 50~70cm，37 年生人工林的铵态氮含量显著高于其他 3 个林龄（$P<0.05$），11 年生和 25 年生人工林的铵态氮含量显著高于 3 年生（$P<0.05$）；在 20~50cm，37 年生人工林的铵态氮含量显著高于其他 3 个林龄（$P<0.05$）；在 70~100cm，11 年生、25 年生和 37 年生人工林的铵态氮含量显著高于 3 年生（$P<0.05$）。土壤深度对 3 年生和 25 年生人工林铵态氮含量影响不显著（$P>0.05$），而对 11 年生和 37 年生人工林铵态氮含量的影响显著（$P<0.05$），50~70cm 的铵态氮含量显著高于浅层的 4 个深度（$P<0.05$）。双因素方差分析结果表明：林龄和土壤深度对铵态氮含量的影响极显著（$P<0.001$），但是二者的相互作用对其影响不显著（$P>0.05$）（表 4.39）。

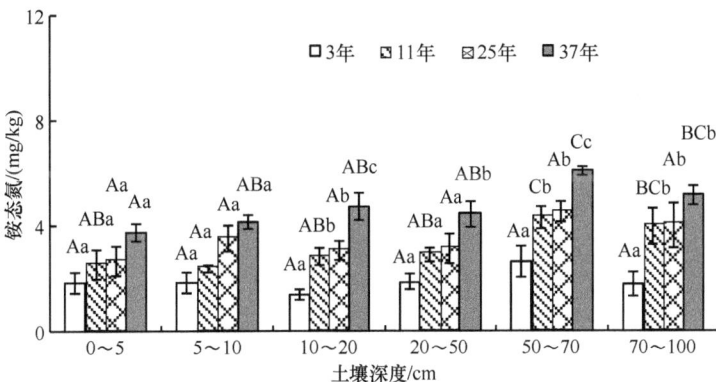

图 4.35　不同林龄中间锦鸡儿人工林土壤铵态氮含量随深度的变化

4.3.1.4 不同林龄中间锦鸡儿人工林土壤硝态氮含量变化

在 100cm 范围内的每个深度中,林龄对硝态氮含量的影响显著($P<0.05$)(图 4.36)。在 0~5cm 和 5~10cm,11 年生和 25 年生人工林的硝态氮含量显著高于 3 年生和 37 年生($P<0.05$)。在 10~20cm 和 20~50cm,25 年生人工林的硝态氮含量显著高于其他 3 个林龄($P<0.05$)。在 50~70cm,11 年生和 25 年生人工林的硝态氮含量显著高于 37 年生($P<0.05$)。在 70~100cm,11 年生人工林的硝态氮含量显著高于 37 年生($P<0.05$)。土壤深度对 3 年生人工林硝态氮含量的影响不显著($P>0.05$),对其他 3 个林龄影响显著($P<0.05$)。11 年生人工林 0~5cm 的硝态氮含量显著高于 10~100cm 4 个深度($P<0.05$)。25 年生人工林 0~5cm、5~10cm 和 10~20cm 的硝态氮含量显著高于 50~70cm 和 70~100cm($P<0.05$)。37 年生人工林 0~5cm 和 5~10cm 的硝态氮含量显著高于其他 4 个深度($P<0.05$)。双因素方差分析结果表明:林龄和土壤深度对硝态氮含量影响极显著($P<0.001$),但是二者的相互作用对其影响不显著($P>0.05$)(表 4.39)。

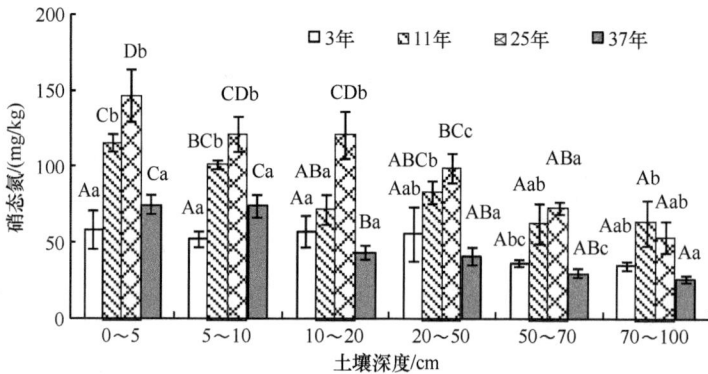

图 4.36 不同林龄中间锦鸡儿人工林土壤硝态氮含量随深度的变化

4.3.1.5 不同林龄中间锦鸡儿人工林土壤速效磷含量变化

在 10~100cm 4 个深度,林龄对速效磷含量影响显著($P<0.05$);在 0~5cm 和 5~10cm,林龄对速效磷含量影响不显著($P>0.05$)(图 4.37)。在 10~20cm,11 年生和 25 年生人工林速效磷含量显著低于 3 年生($P<0.05$)。在 20~100cm 各深度,3 年生、11 年生和 25 年生人工林的土壤速效磷含量随着林龄的增加显著降低($P<0.05$)。土壤深度对 11 年生人工林速效磷含量的影响显著($P<0.05$),对其他 3 个林龄影响不显著($P>0.05$)。双因素方差分析结果表明:林龄对速效磷含量影响极显著($P<0.001$),土壤深度对其影响不显著($P>0.05$),二者相互作用对其影响显著($P<0.05$)(表 4.39)。

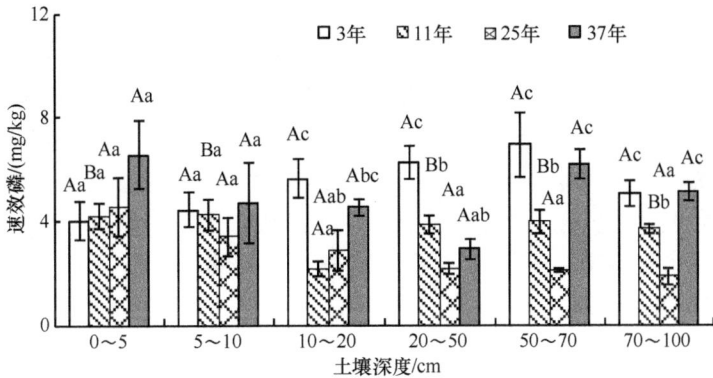

图 4.37　不同林龄中间锦鸡儿人工林土壤速效磷含量随深度的变化

4.3.1.6　不同林龄中间锦鸡儿人工林土壤速效钾含量变化

在 20~100cm 各深度，林龄对速效钾含量影响显著（$P<0.05$）；在 0~5cm、5~10cm 和 10~20cm，林龄对速效钾含量的影响不显著（$P>0.05$）（图 4.38）。在 20~50cm 和 50~70cm，25 年生人工林速效钾含量显著低于其他 3 个林龄（$P<0.05$）。在 70~100cm，25 年生和 37 年生人工林的速效钾含量显著低于 3 年生（$P<0.05$）。土壤深度对 3 年生和 11 年生人工林速效钾含量的影响不显著（$P>0.05$）；对 25 年生和 37 年生人工林速效钾含量的影响显著（$P<0.05$）。25 年生人工林 50~70cm 的速效钾含量显著低于 0~5cm、10~20cm、20~50cm 和 70~100cm（$P<0.05$）。37 年生人工林 70~100cm 的速效钾含量显著低于 0~5cm、20~50cm 和 50~70cm（$P<0.05$）。双因素方差分析结果表明：林龄对速效钾含量的影响极显著（$P<0.001$），土壤深度对其影响不显著（$P>0.05$），二者的相互作用对其影响显著（$P<0.05$）（表 4.39）。

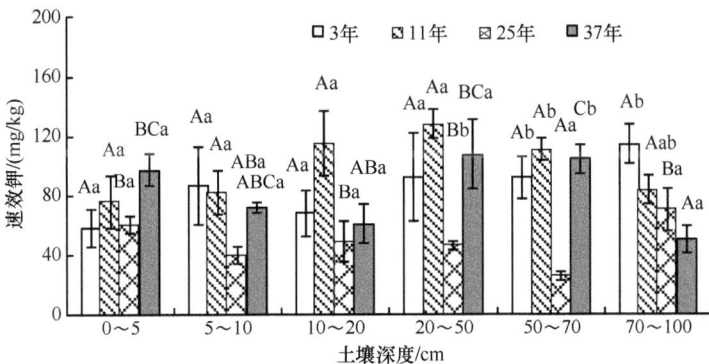

图 4.38　不同林龄中间锦鸡儿人工林土壤速效钾含量随深度的变化

4.3.1.7 小结

在高寒沙地上建立中间锦鸡儿人工林可以改良土壤特性。这种改良土壤作用受到林龄和土壤深度两个因素的影响。随着林龄的增加，中间锦鸡儿人工林内土壤 0~20cm 深度的水分状况逐渐改善，10~20cm 深度的有机质增加，10~100cm 深度的铵态氮增加，50cm 至土壤表层的硝态氮逐渐增加，但是 10~100cm 深度的速效磷和 20~100cm 深度的速效钾减少。25 年生中间锦鸡儿人工林的土壤水分状况最佳，有机质和硝态氮最多，但同时消耗较多的速效磷和速效钾。37 年生中间锦鸡儿人工林的土壤水分和养分条件下降，建议对其进行平茬等抚育管理，从而恢复其改良土壤的能力。

4.3.2 不同林龄中间锦鸡儿人工林根系分布特征

本节研究共和盆地不同林龄（5 年生、9 年生和 25 年生）中间锦鸡儿人工林根系分布特点，包括不同径级根系的生物量、比根长及根长密度的垂直变化，结合土壤水分变化，说明中间锦鸡儿人工林在不同发育阶段的根系分布规律，判断吸收水分的能力是否随着林龄变化，为研究中间锦鸡儿人工林水分利用策略提供理论依据，同时对评价中间锦鸡儿人工林在共和盆地的长期适应性具有重要参考意义。

4.3.2.1 根系生物量垂直分布

5 年生中间锦鸡儿≤1mm 根系主要分布于 10~20cm 和 20~30cm 土层，分别占 42.53% 和 18.13% 左右；30~60cm 土层次之，共占 30.27% 左右；>60cm 各层分布少，共占 8.4% 左右，0~10cm 分布最少，占 0.7%。9 年生中间锦鸡儿≤1mm 根系主要分布于 10~50cm，共占 77.56% 左右；50~100cm 土层共占 18.30% 左右；>100cm 土层共占 3.39% 左右；25 年生中间锦鸡儿≤1mm 根系主要分布于 10~60cm，共占 86.64% 左右，>60cm 各层共占 12.96% 左右 [图 4.39（A）]。

5 年生中间锦鸡儿>1mm 根系在 0~10cm 土层没有分布，10~20cm 土层分布最多，占 47.46% 左右；其次是 20~30cm 和 30~40cm，分别占 18.50% 和 17.21% 左右；40~70cm 共占 16.83% 左右；>70cm 土层没有分布。9 年生中间锦鸡儿>1mm 根系在 0~10cm 土层没有分布，20~30cm 和 30~40cm 土层分布最多，分别占 26.41% 和 30.55% 左右；10~20cm、40~50cm 和 50~60cm 分布含量次之，分别占 8.68%、13.01% 和 9.52% 左右；60~130cm 分布少，共占 11.83% 左右。25 年生中间锦鸡儿>1mm 根系在 0~130cm 土层均有分布，其中分布含量最多的土层是 10~50cm，共占 64.78% 左右；其次是 50~90cm 土层，共占 32.14% 左右；>90cm 土层分布少，共占 2.78% 左右 [图 4.39（B）]。

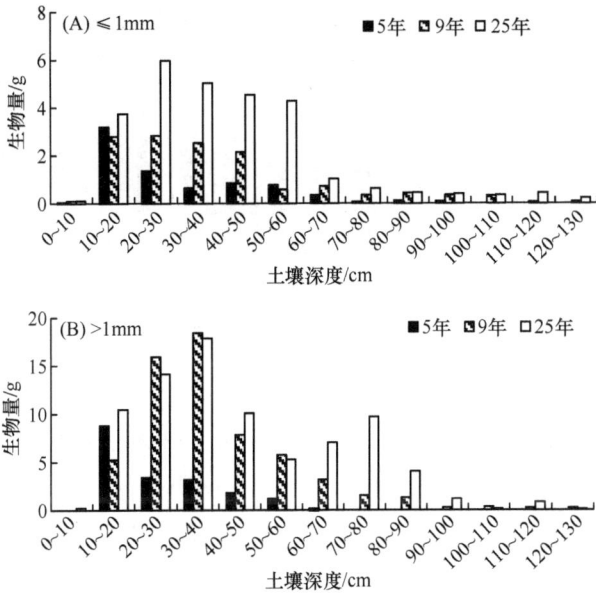

图 4.39　中间锦鸡儿人工林根系生物量垂直分布

4.3.2.2　比根长和根长密度垂直分布

比根长和根长密度在一定程度上能够反映根系的直径及其吸收能力（单建平等，1993；于立忠等，2007）。与根系生物量不同，3 个林龄中间锦鸡儿直径≤1mm 和＞1mm 根系的比根长在各土层中的分布均基本一致 [图 4.40（A），（B）]，表明各土层根系均行使其吸收功能（Hendrick and Pregitzer，1993）。3 个林龄中间锦鸡儿直径≤1mm 的比根长均显著大于对应的＞1mm 根系，表明根系直径越细，比根长越大。

5 年生中间锦鸡儿直径≤1mm 根系的根长密度主要分布在 10~20cm 和 20~30cm 土层，分别占 41.31%和 18.80%左右。9 年生中间锦鸡儿直径≤1mm 根系的根长密度主要分布在 10~50cm 土层，共占 62.53%。25 年生中间锦鸡儿直径≤1mm 根系的根长密度主要分布在 10~60cm 土层，共占 82.96%左右。这与生物量垂直分布

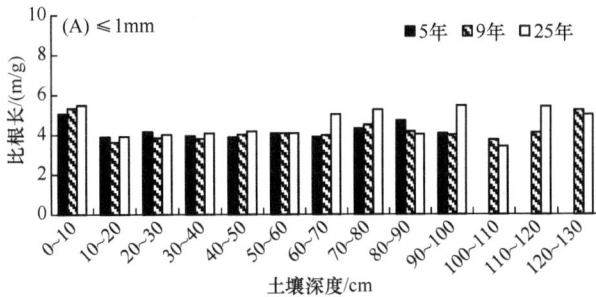

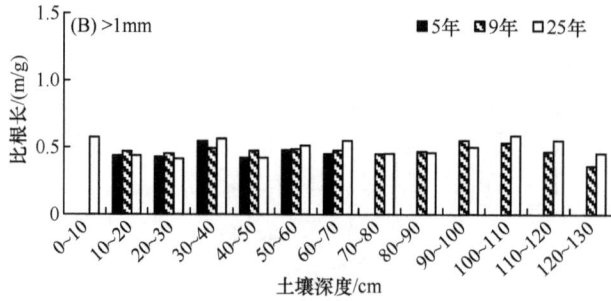

图 4.40 中间锦鸡儿人工林根系比根长的垂直分布

规律基本一致 [图 4.41（A）]。5 年生中间锦鸡儿直径＞1mm 根系的根长密度主要分布在 30~40cm 和 40~50cm 土层，分别占 40.13% 和 30.29%。9 年生中间锦鸡儿直径＞1mm 根系的根长密度主要分布在 20~60cm 土层，共占 75.97%。25 年生中间锦鸡儿直径＞1mm 根系的根长密度主要分布在 10~90cm 土层，共占 96.35% 左右 [图 4.41（B）]。

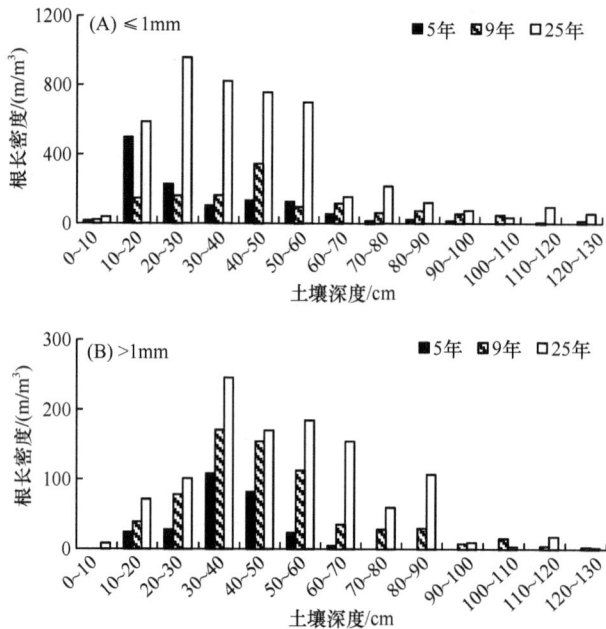

图 4.41 中间锦鸡儿人工林根系根长密度的垂直分布

4.3.2.3 人工林生境中的土壤含水量

3 个林龄中间锦鸡儿生境中各层土壤均为细沙土。如图 4.42 所示，各林龄中间锦鸡儿生境的土壤含水量均较低。5 年生中间锦鸡儿人工林 10cm 和 20cm 土壤含水量最高，为 3.7% 左右，显著高于其他层（P＜0.05）；20~50cm 土壤含水量显著降低（$P<0.05$），50~100cm 差异不大（$P>0.05$）[图 4.42（A）]。9 年生中间锦鸡儿人工林 10~30cm 土壤含水量最高，达 6.1%左右，显著高于其他层（$P<0.05$）；30~50cm 土壤含水量比表层显著降低（$P<0.05$），50cm 处土壤含水量为 1.4%左右；50~110cm 土壤含水量差异不大（$P>0.05$）；110cm 后土壤含水量显著上升（$P<0.05$）[图 4.42（B）]，这可能是由于地下水补充了土壤水分。25 年生中间锦鸡儿人工林 30cm 处土壤含水量最高，为 6.0%左右，显著高于其他层（$P<0.05$）；表层 10~20cm 次之，为 4.7%左右，显著高于 40~130cm 各层（$P<0.05$）；40~120cm 土壤含水量显著低于表层 10~30cm（$P<0.05$），130cm 土壤含水量又比 40~120cm 明显上升（$P<0.05$）[图 4.42（C）]，这同样可能是由于地下水补充了土壤水分。

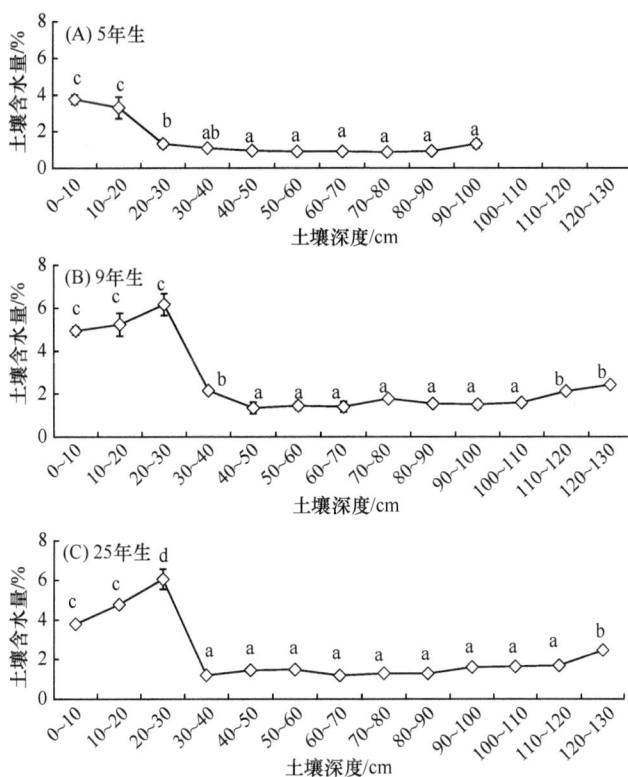

图 4.42　中间锦鸡儿人工林生境中土壤含水量

图中以不同小写字母标记表示不同深度的土壤含水量差异显著（$P<0.05$）

4.3.2.4　小结

各林龄中间锦鸡儿人工林的吸收根和输导根的主要分布范围不同。5 年生中间锦鸡儿吸收根的生物量及根长密度均主要分布在 10~30cm 土层；输导根的生物量及根长密度均主要分布在 10~50cm 土层。9 年生中间锦鸡儿吸收根的生物量和根长密度均主要分布在 10~50cm 土层；输导根的生物量主要分布在 10~50cm 土层，根长密度主要分布在 20~60cm 土层。25 年生中间锦鸡儿吸收根的生物量和根长密度均主要分布在 10~60cm 土层；输导根的生物量和根长密度均主要分布在 10~90cm 土层。随着林龄的增加，中间锦鸡儿吸收根的生物量及根长密度集中分布土层逐渐变深；输导根的生物量及根长密度分布土层范围较吸收根更广，集中分布土层更深。

随着林龄的增加，中间锦鸡儿人工林根系的吸收根、输导根的总生物量均显著增加（$P < 0.05$）。且各林龄中间锦鸡儿均是输导根生物量所占比例显著高于吸收根生物量。5 年生、9 年生和 25 年生中间锦鸡儿根系的总生物量分别是 26.04g、73.63g 和 108.34g（$P < 0.05$），其中吸收根的生物量分别是 7.5g、13.28g 和 27.17g（$P < 0.05$），分别占总生物量的 28.80%、18.04%和 25.08%；输导根生物量分别是 18.54g、60.35g 和 81.17g（$P < 0.05$），分别占总生物量的 71.20%、81.96%和 74.92%。

随着灌丛林龄的增加，中间锦鸡儿吸收根和输导根的总比根长和总根长密度均显著增加（$P < 0.05$），表明根系吸收水分的能力随着林龄增加而增大。同时，各林龄中间锦鸡儿吸收根的比根长和根长密度均显著高于输导根的比根长和根长密度（$P < 0.05$）。5 年生中间锦鸡儿吸收根和输导根的比根长分别占总比根长的 94.18%和 5.82%，根长密度分别占总根长密度的 81.73%和 18.27%。9 年生中间锦鸡儿吸收根和输导根的比根长分别占总比根长的 90.95%和 9.05%，根长密度分别占总根长密度的 65.66%和 34.34%。25 年生中间锦鸡儿吸收根和输导根的比根长分别占总比根长的 90.20%和 9.80%，根长密度分别占总根长密度的 80.23%和 19.77%。这种根长和生物量不对称的比例关系，反映了吸收根和输导根功能上的差异。

根系分布影响土壤水分变化，主要是吸收根对土壤含水量变化有着较大影响，吸收根集中分布土层的土壤含水量显著降低。5 年生中间锦鸡儿吸收根集中分布土层（10~30cm）的土壤含水量均呈显著下降趋势（$P < 0.05$），9 年生中间锦鸡儿吸收根集中分布土层（10~50cm）的土壤含水量先略有升高，后显著降低（$P < 0.05$）；25 年生中间锦鸡儿吸收根集中分布土层（10~60cm）的土壤含水量先略有升高（$P > 0.05$），随后显著降低（$P < 0.05$）。

4.3.3 不同林龄中间锦鸡儿人工林的水分利用策略

本节利用稳定氢氧同位素技术分析比较人工栽植的中间锦鸡儿是否随林龄变化而选择性地利用不同深度的土壤水分，利用稳定碳同位素技术比较它们的长期水分利用效率变化，从而了解中间锦鸡儿对共和盆地高寒半干旱环境的适应机制，对中间锦鸡儿人工林的保育和防沙治沙植物材料的选择具有参考意义。

4.3.3.1 不同林龄中间锦鸡儿土壤含水量的变化

3 个林龄中间锦鸡儿生境中各层土壤均为细沙土。如图 4.43 所示，各林龄中间锦鸡儿生境的土壤含水量均较低。5 年生中间锦鸡儿人工林的各层土壤含水量差异极显著（$P<0.001$），其中浅层土壤（10~20cm）含水量最高，为 6.4% 左右；30~100cm 土壤含水量显著降低（$P<0.05$），50cm 出现最低值 0.9%［图 4.43（A）］。9 年生中间锦鸡儿人工林各层土壤含水量差异极显著（$P<0.001$），其中的 10~30cm 土壤含水量较高，为 5.5%左右；50~150cm 土壤含水量显著降低（$P<0.05$），为 2%左右；50~150cm 的天然含水量差异不大（$P>0.05$）［图 4.43（B）］。25 年生中间锦鸡儿人工林各层土壤含水量差异极显著（$P<0.001$），其中 30cm 处土壤含水量最高，为 6.0%左右；表层 10~20cm 次之，为 4%左右；50~200cm 土壤含水量显著降低（$P<0.05$），小于 2%；50~200cm 的天然含水量差异不显著（$P>0.05$）［图 4.43（C）］。

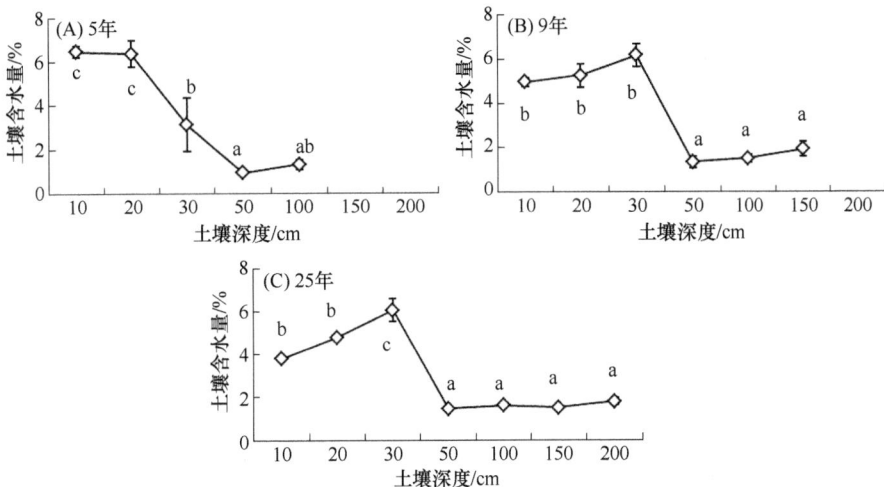

图 4.43 不同林龄中间锦鸡儿生境中土壤含水量
图中以不同小写字母标记表示不同深度的土壤含水量差异显著（$P<0.05$），下同

4.3.3.2 不同林龄中间锦鸡儿土壤和枝条水分的 δD 值的变化

2009 年 8 月初共和站共记录到 3 次降雨，分别是 8 月 2 日（8.3mm）、8 月 7 日（8.5mm）和 8 月 9 日（3.5mm），雨水的 δD 值分别为（−86.66±0.09）‰、（−7.47±0.39）‰和（−4.04±0.24）‰。中间锦鸡儿生境附近井水的 δD 值为（−57.13±0.85）‰。

5 年生中间锦鸡儿枝条木质部水分的 δD 值与其生境中土壤的 20~50cm 水分的 δD 值最接近（$P>0.05$）。5 年生中间锦鸡儿生境中 10~20cm 土壤水分的 δD 值与 2009 年 8 月 7 日 8.5mm 降雨的雨水的 δD 值接近，表明表层土壤水分主要来源于降雨。各层土壤的 δD 值均与井水 δD 值相差较远［图 4.44（A）］。

9 年生中间锦鸡儿枝条木质部水分的 δD 值与其生境中土壤的 30~50cm 水分的 δD 值接近。9 年生中间锦鸡儿生境中 10~30cm 土壤水分的 δD 值与 2009 年 8 月 7 日 8.5mm 降雨的雨水的 δD 值接近，50~150cm 土壤水分的 δD 值与井水的 δD 值接近［图 4.44（B）］。

25 年生中间锦鸡儿枝条木质部水分的 δD 值与其生境中土壤的 30~50cm 水分的 δD 值接近。25 年生中间锦鸡儿生境中 10~30cm 土壤水分的 δD 值与 2009 年 8 月 7 日 8.5mm 降雨的雨水的 δD 值接近，100~200cm 土壤水分的 δD 值与井水的 δD 值接近［图 4.44（C）］。

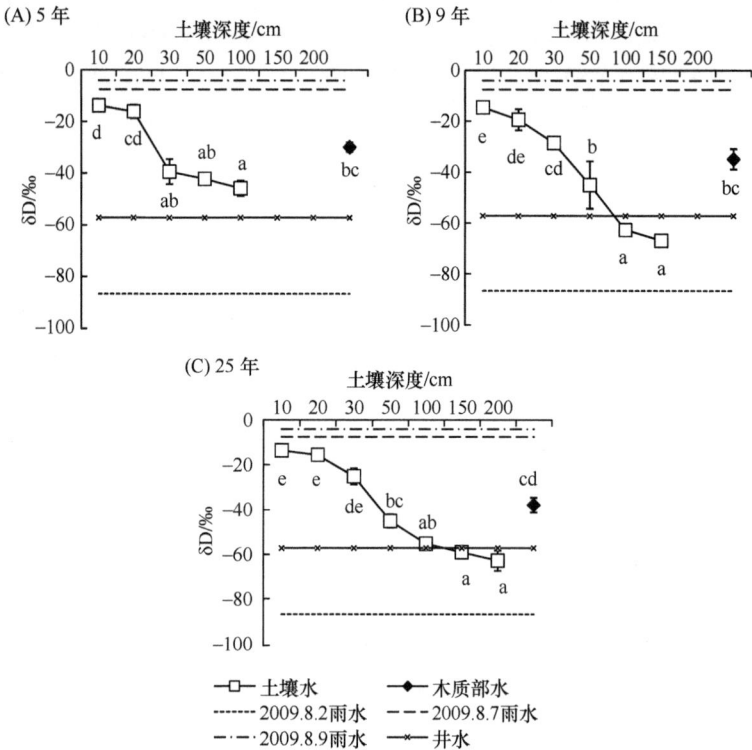

图 4.44　不同林龄中间锦鸡儿的土壤和枝条水分的 δD 值

图中以不同小写字母标记表示中间锦鸡儿木质部水分与各深度土壤水分的 δD 值差异显著（$P<0.05$），下同

4.3.3.3　不同林龄中间锦鸡儿土壤和枝条水分的 δ¹⁸O 值的变化

采样之前，共和站记录的 3 次降雨的雨水 $\delta^{18}O$ 值分别为（-12.57 ± 0.05）‰、（-3.16 ± 0.08）‰ 和（0.43 ± 0.06）‰。中间锦鸡儿生境附近井水的 $\delta^{18}O$ 值为（-8.05 ± 0.12）‰。

5 年生中间锦鸡儿枝条木质部水分的 $\delta^{18}O$ 值与其生境中土壤的 10~50cm 水分

的 $\delta^{18}O$ 值接近 [图 4.45（A）]（$P>0.05$）。5 年生中间锦鸡儿生境中 10~50cm 土壤水分的 $\delta^{18}O$ 值与 2009 年 8 月 7 日 8.5mm 降雨的雨水的 $\delta^{18}O$ 值接近。各层土壤的 $\delta^{18}O$ 值均与井水 $\delta^{18}O$ 值相差较远 [图 4.45（A）]。

9 年生中间锦鸡儿枝条木质部水分的 $\delta^{18}O$ 值与其生境中土壤的 10~50cm 水分的 $\delta^{18}O$ 值接近。9 年生中间锦鸡儿生境中 10~30cm 土壤水分的 $\delta^{18}O$ 值与 2009 年 8 月 7 日 8.5mm 降雨的雨水的 $\delta^{18}O$ 值接近，100~150cm 土壤水分的 $\delta^{18}O$ 值与井水的 $\delta^{18}O$ 值接近 [图 4.45（B）]。

25 年生中间锦鸡儿枝条木质部水分的 $\delta^{18}O$ 值与其生境中土壤的 10~50cm 水分的 $\delta^{18}O$ 值接近。25 年生中间锦鸡儿生境中 10~50cm 土壤水分的 $\delta^{18}O$ 值与 2009 年 8 月 7 日 8.5mm 降雨的雨水的 $\delta^{18}O$ 值接近，100~200cm 土壤水分的 $\delta^{18}O$ 值与井水的 $\delta^{18}O$ 值接近 [图 4.45（C）]。

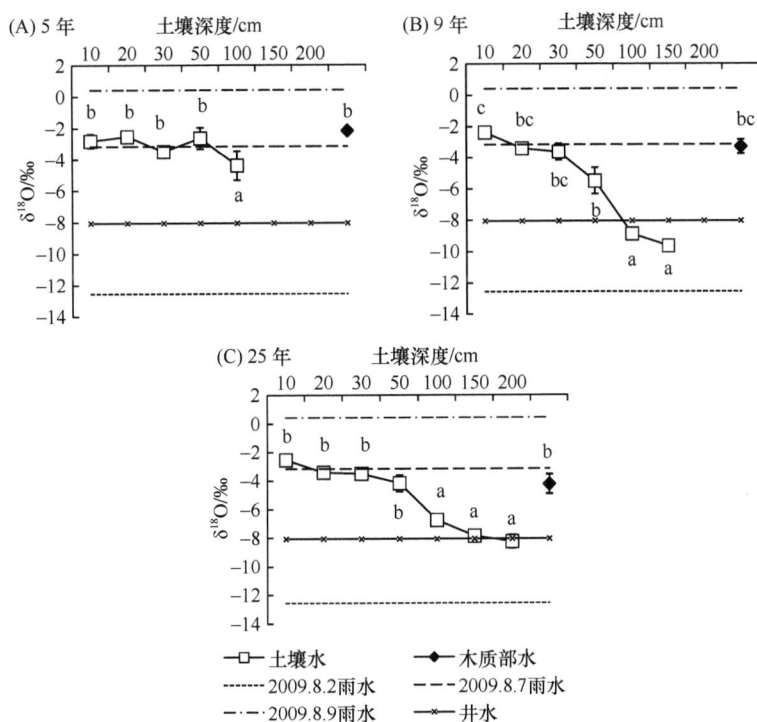

图 4.45　不同林龄中间锦鸡儿的土壤和枝条水分的 $\delta^{18}O$ 值

4.3.3.4　不同林龄中间锦鸡儿叶片 $\delta^{13}C$ 值的变化

叶片的稳定碳同位素的测量结果表明，林龄对中间锦鸡儿叶片 $\delta^{13}C$ 值的影响达到显著水平（$P<0.05$）。其中，5 年生中间锦鸡儿叶片 $\delta^{13}C$ 值显著高于 9 年生和 25 年生中间锦鸡儿叶片的 $\delta^{13}C$ 值（$P<0.05$），但 9 年生中间锦鸡儿叶片 $\delta^{13}C$ 值与 25 年生中间锦鸡儿叶片 $\delta^{13}C$ 值的差异不显著（$P>0.05$）（图 4.46）。中间锦

鸡儿叶片 $\delta^{13}C$ 值在 C_3 植物的叶片 $\delta^{13}C$ 值范围内（$-35‰\sim-20‰$），因此它是 C_3 植物，叶片的 $\delta^{13}C$ 值可以反映它的长期水分利用效率（陈世苹等，2002）。

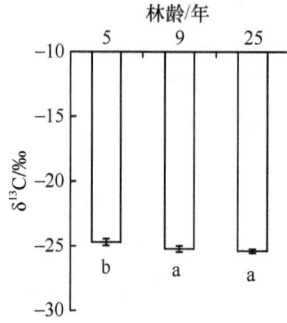

图 4.46　不同林龄中间锦鸡儿 $\delta^{13}C$ 值的变化

4.3.3.5　小结

稳定氢氧同位素的测定结果表明，5 年生、9 年生、25 年生中间锦鸡儿均主要利用 10~50cm 的土壤水分,这部分土壤水分的 δD 值和 $\delta^{18}O$ 值与 8 月 7 日 8.5mm 降雨的雨水的 δD 值和 $\delta^{18}O$ 值接近，即这部分土壤水分主要由降雨转化而来，表明 3 个林龄中间锦鸡儿均主要利用土壤浅层的天然降雨。植物根系分布特点决定植物的水分利用策略。在降水驱动的干旱区生态系统中，浅根系的植物以不定的降水为主要水分来源（Schwinning and Ehleringer，2001）。根据我们在挖取土壤剖面时的观察，5 年生、9 年生和 25 年生中间锦鸡儿的吸水根系（$d\leqslant1mm$）主要分布土层分别位于 10~50cm、10~60cm 和 10~80cm。植被的吸水根系分布对土壤水分具有显著影响，吸水根集中分布区域土壤含水量锐减（阿拉木萨等，2003）。5 年生中间锦鸡儿生境中 20~50cm 土壤含水量显著降低 [图 4.43（A）]，9 年生和 25 年生中间锦鸡儿生境中均是 30~50cm 土壤含水量显著降低[图 4.43（B），（C）]，表明该区域是吸水根的集中分布区域，这与我们的观测结果是一致的，与各林龄中间锦鸡儿主要利用土壤水分的深度也是一致的。

稳定碳同位素的测量结果表明，5 年生中间锦鸡儿与 9 年生和 25 年生中间锦鸡儿相比，具有相对较高的水分利用效率。5 年生中间锦鸡儿平均株高 0.55m，平均冠幅 0.8m×0.8m，根系分布土层较浅，根系生物量较低，主要根系层截留降雨能力有限，可能会导致在同样的缺水条件下，5 年生中间锦鸡儿更易受到水分胁迫，导致其 $\delta^{13}C$ 值 [（-24.71 ± 0.25）‰] 高于其他两个林龄。因此，中间锦鸡儿在灌丛发育低龄期，采取提高其水分利用效率的方法来应对干旱胁迫。9 年生和 25 年生中间锦鸡儿的叶片 $\delta^{13}C$ 值均低于 5 年生中间锦鸡儿，表明随着灌丛林龄的增加，中间锦鸡儿受到相对较低的水分胁迫。9 年生和 25 年生中间锦鸡儿样地 100cm 以下土层的土壤水分的 δD 值和 $\delta^{18}O$ 值与井水的 δD 值和 $\delta^{18}O$ 值接近，表明地下水补充了深层土壤水分,这在一定程度上缓解了 9 年生与 25 年生中间锦鸡儿的水分胁迫。25 年生与 9 年生中间锦鸡儿的叶片 $\delta^{13}C$ 值类似,表明 25 年生中间锦鸡儿并没有发生显著退化。通过对各样地灌丛的调查,9 年生中间锦鸡儿平均株高 1.24m,25 年生中间锦鸡儿平均株高 1.61m,只增加了 0.37m,但平均冠幅却由 1.08m×1.10m 增大到 2.99m×3.47m。同时结合我们的观测结果,25 年生中间锦鸡儿与 9 年生中间锦鸡儿相比,垂直根系发育土层变化幅度不大,但根系生物量大幅增加。灌木生物量的增长与蒸腾耗水量增加呈同步(杨劼等,2002)。因此可以推断,虽然随着灌丛年龄的增长,主要根系层截留降雨能力加强,但同时其植株耗水量也随之增加,这可能是致使 25 年生和 9 年生中间锦鸡儿水分利用效率类似的原因。

本研究通过对中间锦鸡儿不同发育阶段的水分利用来源与水分利用效率的分析,判断中间锦鸡儿以天然降雨为主要水分来源,并且在人工种植 25 年后并没有发生明显退化现象,表明中间锦鸡儿在高寒沙地可以维持较长时间的稳定。根据前人对锦鸡儿属其他种的研究,柠条锦鸡儿具有双型根系,可以同时吸收土壤浅层和深层的水分(Zhang et al.,2009)。本研究中没有发现中间锦鸡儿可以利用深层土壤水分,这可能与本研究的采样时间有关。8 月是当地雨季,降雨量比较大,植株相对受到较小的水分胁迫,因此,为了全面了解中间锦鸡儿在高寒沙地的水分利用策略,还需要在干旱季节进行调查分析,同时为进一步评价中间锦鸡儿在高寒沙地的长期适应性,还应对其根系分布及其他水分生理生态特性(如植物蒸腾及枝条水势等)进行深入研究。

4.4　结　　论

植被恢复时间对乌柳的光合能力影响显著。11 年生和 25 年生乌柳的光合能力较强,4 年生乌柳的 WUE_i 较高,37 年生乌柳的光合能力和 WUE_i 均显著降低。植被恢复时间对乌柳的水分生理状况和叶片结构型性状也产生了显著影响。25 年生乌柳的水分条件较好,抗旱能力较强,由叶性状参数反映出的光合能力也较强;11 年生乌柳的水分条件较差,抗旱能力较弱,但由叶性状参数所反映出的光合能力却最强;4 年生乌柳的水分条件较差,但其抗旱能力较强,由叶性状反映出的水分利用效率也较高;37 年生乌柳的水分条件恶劣,抗旱能力较弱,由叶性状反映出的光合能力也最弱,植株应已处于生长发育衰退期。植被恢复时间对乌柳林林下的群落结构组成和物种多样性也产生了显著影响。随着乌柳林龄的增加,林下植物群落的组成向着均匀化方向发展,物种丰富度和多样性指数不断增加,林下植被群落得到了较好的恢复。乌柳防护林的营建能够有效改良高寒沙地土壤理化性质,尤其是土壤有机质和土壤全氮含量随着植被恢复时间的增加显著增加,土壤速效养分含量逐渐增加,土壤 pH 逐渐降低,土壤容重逐渐降低，土壤孔隙度逐渐增加。乌柳防护林生态系统生物量也随植被恢复时间的增长而增加，生物量达到生态系统生物量的 90%以上，虽然草本层生物量随恢复时间的增加而增加，但各林龄草本层生物量占整个生态系统的比例却逐渐降低。即随植被恢复时间的延长，乌柳林生产力也逐渐增加，各组分年均净生产力占该林龄总生产力的比例不同，但不同林龄各组分年平均净生产力大小顺序一致，均为树干>树根>树枝>树叶>树皮，树干的第一净生产力最高。乌柳防护林地上部分固碳量与地下部分固碳量随植被恢复时间的延长而增加。6年生、11 年生、16 年生和 21 年生乌柳人工防护林生态系统碳库分别为 14.76t/hm^2、23.25t/hm^2、32.18t/hm^2 和 41.48t/hm^2。乌柳防护林在不同恢复阶段有着不同的生存策略，5 年生乌柳只能利用降雨而没有利用地下水，采取提高水分利用效率来适应当地的半干旱环境。而处于 9~25 年生阶段的乌柳林正处于稳定时期，能够同时利用降雨和地下水。

对不同恢复阶段中间锦鸡儿防护林的研究表明，随着植被恢复时间的增加，中间锦鸡儿防护林内 0~20cm 深度土壤的水分状况逐渐改善，10~20cm 深度的有机质增加，>10cm 深度的铵态氮增加，0~50cm 各深度的硝态氮逐渐增加。25 年生中间锦鸡儿防护林的土壤水分状况最佳，有机质、铵态氮和硝态氮最多，其改良土壤的能力较强。不同恢复阶段防护林的吸收根和输导根的主要分布范围不同。随着林龄的增加，中间锦鸡儿吸收根的生物量及根长密度集中分布土层逐渐变深；输导根的生物量及根长密度分布土层范围较吸收根更广，集中分布土层更深；吸收根、输导根的总生物量均显著增加，且各恢复阶段中间锦鸡儿均是输导根生物量所占比例显著高于吸收根生物量；吸收根和输导根的总比根长和总根长密度显著增加，表明根系吸收水分的能力随着林龄增加而增大。同时，各林龄中间锦鸡儿吸收根的比根长和根长密度均显著高于输导根的比根长和根长密度。不同恢复阶段中间锦鸡儿的水分利用策略不同，5 年生、9 年生、25 年生中间锦鸡儿均主要利用土壤浅层的天然降雨。5 年生中间锦鸡儿与 9 年生和 25 年生中间锦鸡儿相比，具有相对较高的水分利用效率。中间锦鸡儿在灌丛发育低龄期，采取提高其水分利用效率的方法来应对干旱胁迫，随着灌丛林龄的增加，中间锦鸡儿受到相对较低的水分胁迫。中间锦鸡儿以天然降雨为主要水分来源，并且在人工种植 25年后并没有发生明显退化现象，表明中间锦鸡儿在高寒沙地可以维持较长时间的稳定。

主要参考文献

阿拉木萨, 蒋德明, 裴铁璠. 2003. 沙地人工小叶锦鸡儿植被根系分布与土壤水分关系研究. 水土保持学报, 17(3): 78-81.

蔡时青, 许大全. 2000. 大豆叶片 CO_2 补偿点和光呼吸的关系. 植物生理学报, 26(6): 545-550.

曹燕丽, 卢琦, 林光辉. 2002. 氢稳定性同位素确定植物水源的应用与前景. 生态学报, 22(1): 111-117.

陈世苹, 白永飞, 韩兴国. 2002. 稳定性碳同位素技术在生态学研究中的应用. 植物生态学报, 26(5): 549-560.

褚建民, 卢琦, 崔向慧, 等. 2007. 人工林林下植被多样性研究进展. 世界林业研究, 20(3): 9-13.

方精云, 刘国华, 徐嵩龄. 1996. 我国森林植被的生物量和净生产量. 生态学报, 16(5): 497-508.

方精云, 王襄平, 沈泽昊, 等. 2009. 植物群落清查的主要内容、方法和技术规范. 生物多样性, 17(6): 533-548.

冯耀宗. 2003. 物种多样性与人工生态系统稳定性探讨. 应用生态学报, 14(6): 853-857.

简在友, 王文全, 孟丽, 等. 2010. 芍药组内不同类群间光合特性及叶绿素荧光特性比较. 植物生态学报, 34(12): 1463-1471.

李吉跃, 翟洪波. 2000. 木本植物水力结构与抗旱性. 应用生态学报, 11(2): 301-305.

李鹏, 赵忠, 李占斌, 等. 2002. 植被根系与生态环境相互作用机制研究进展. 西北林学院学报, 17(2): 26-32.

李永华, 罗天祥, 卢琦, 等. 2005. 青海省沙珠玉治沙站 17 种主要植物叶性因子的比较. 生态学报, 25(5): 994-999.

林大仪. 2004. 土壤学实验指导. 北京: 中国林业出版社.

刘彤, 胡丹, 魏晓雪, 等. 2010. 红松人工林林下植物物种多样性分析. 东北林业大学学报, 38(5): 51-53.

马克平, 刘灿然, 刘玉明. 1995. 生物群落多样性的测度方法 II——β 多样性的测度方法. 生物多样性, 3(1): 38-43.

齐雁冰, 常庆瑞. 2005. 高寒地区人工植被恢复对风沙土区土壤效应影响. 水土保持学报, 19(6): 40-43.

单建平, 陶大立, 王淼, 等. 1993. 长白山阔叶红松林细根周转的研究. 应用生态学报, 4(3): 241-245.

吴玉虎. 2007. 青海茶卡-共和盆地及其毗邻地区种子植物区系. 云南植物研究, 29(3): 265-276.

许大全. 1999. 光合速率、光合效率与作物产量. 生物学通讯, 34(8): 8-9.

杨洪晓, 卢琦, 吴波, 等. 2004. 高寒沙区植被人工修复与种子植物物种多样性的变化. 林业科学, 40(5): 45-49.

杨劼, 高清竹, 李国强, 等. 2002. 皇甫川流域主要人工灌木水分生态的研究. 自然资源学报, 17(1): 87-94.

杨晓晖, 王葆芳, 江泽平. 2005. 乌兰布和沙漠东北缘三种豆科绿肥植物生物量和养分含量及其对土壤肥力的影响. 生态学杂志, 24(10): 1134-1138.

杨兆平, 欧阳华, 宋明华, 等. 2010. 青藏高原多年冻土区高寒植被物种多样性和地上生物量. 生态学杂志, 29(4): 617-623.

于贵瑞, 王秋凤. 2010. 植物光合蒸腾与水分利用的生理生态学. 北京: 科学出版社: 171-172.

于立忠, 丁国泉, 史建伟, 等. 2007. 施肥对日本落叶松人工林细根直径、根长和比根长的影响. 应用生态学报, 18(5): 957-962.

占布拉, 卫智军, 黄伟华, 等. 2010. 科尔沁草原不同类型沙地土壤养分研究. 干旱区资源与环境, 24(11): 135-138.

张国盛. 2000. 干旱、半干旱地区乔灌木树种耐旱性及林地水分动态研究进展. 中国沙漠, 20(4): 363-368.

张金屯. 2004. 数量生态学. 北京: 科学出版社: 221-235.

张晶晶, 赵忠, 宋西德, 等. 2010. 渭北黄土高原人工刺槐林植物多样性动态.西北植物学报, 30(12): 2490-2496.

张林, 罗天祥. 2004. 植物叶寿命及其相关叶性状的生态学研究进展. 植物生态学报, 28(6): 844-852.

张瑞, 张景波, 曹良图. 2010. 干旱区土地利用和土壤改良及植被恢复方式对沙地养分的恢复效应. 水土保持研究, 17(4): 153-157.

赵一之. 2005. 小叶、中间和柠条三种锦鸡儿的分布式样及其生态适应. 生态学报, 25(12): 3411-3414.

郑淑霞, 上官周平. 2006. 8 种阔叶树种叶片气体交换特征和叶绿素荧光特征比较. 生态学报, 26(4): 1080-1087.

郑志兴, 孙振华, 张志明, 等. 2011. 干热河谷植物叶片, 树高和种子功能性状比较. 生态学报, 31(4): 982-988.

邹琦. 2000. 植物生理学实验指导. 北京: 中国农业出版社.

Abanda P A, Compton J S, Hannigan R E. 2011. Soil nutrient content, above-ground biomass and litter in a semi-arid shrubland, South Africa. Geoderma, 164(3-4): 128-137.

Bertamini M, Muthuchelian K, Nedunchezhian N. 2006. Shade effect alters leaf pigments and photosynthetic responses in Norway spruce (*Picea abies* L.) grown under field conditions. Photosynthetica, 44(2): 227-234.

Ehleringer J R. 1985. Annuals and perennials of warm deserts//Chabot B F, Mooney H A. Physiological Ecology of North American Plant Communities. New York: Chapman & Hall: 162-180.

Gale M R, Grigal D F. 1987. Vertical root distributions of northern tree species in relation to successional status. Canadian Journal of Forest Research, 17(8): 829-834.

Harley P C, Tenhunen J D. 1991. Modeling the photosynthetic response of C_3 leaves to environmental factors//Boote K J, Loomis R S. In symposium on modeling crop photosynthesis—from biochemistry to canopy. CSSA special publication No. 19. Madison WI: American Society of Agronomy and Crop Science Society of America: 17-39.

Harley P C, Thomas R B, Reynolds J F, et al. 1992. Modeling photosynthesis of cotton grown in elevated CO_2. Plant, Cell and Environment, 15(3): 271-282.

Hendrick R L, Pregitzer K S. 1993. The dynamics of fine root length, biomass, and nitrogen content in two northern hardwood ecosystems. Canadian Journal of Forest Research, 23(4): 2507-2520.

Larcher W. 1997. 植物生理生态学. 北京: 中国农业大学出版社.

Magurran A E. 2011. 生物多样性测度. 张峰, 主译. 北京: 科学出版社.

Ohte N, Koba K, Yoshikawa K, et al. 2003. Water utilization of natural and planted trees in the semiarid desert of Inner Mongolia, China. Ecological Applications, 13(2): 337-351.

Schwinning S, Ehleringer J R. 2001. Water use trade-off and optimal adaptations to pulse-driven arid ecosystem. Journal of Ecology, 89: 464-480.

Shoshany M. 2012. The rational model of shrubland biomass, pattern and precipitation relationships along semi-arid climatic gradients. Journal of Arid Environments, 78(3): 179-182.

Smith S D, Nowak R S. 1990. Ecophysiology of plants in the intermountain lowlands. New York: Springer-Verlag: 179-241.

Storer D A. 1984. A simple high sample volume ashing procedure for determination of soil organic matter. Communications in Soil Science and Plant Analysis, 15(7): 759-772.

Su Y Z, Zang T H, Li Y L, et al. 2005. Changes in soil properties after establishment of *Artemisia halodendron* and *Caragana microphylla* on shifting sand dunes in semiarid Horqin Sandy land, northern China. Environmental Management, 36(2): 272-281.

Tennant D. 1975. A test of a modified line intersect method of estimating root length. The Journal of Ecology, 63(3): 995-1001.

Xu D Q. 2001. Progress in photosynthesis research: from molecular mechanisms to green revolution. Acta Photophysiologica Sinica, 27(2): 97-108.

Zhang Z S, Li X R, Liu L C, et al. 2009. Distribution, biomass, and dynamics of roots in a revegetated stand of *Caragana korshinskii* in the Tengger Desert, northwestern China. Journal of Plant Research, 122(1): 109-119.

Zhou R L, Li Y Q, Zhao H L, et al. 2008. Desertification effects on C and N content of sandy soils under grassland in Horqin, northern China. Geoderma, 145(3-4): 370-375.

第5章　典型防护林生态服务功能研究

目前，在有关生态服务功能的研究中，以森林生态系统服务（forest ecosystem service）较为活跃，它是陆地森林群落与其环境在功能流的作用下形成的具有一定结构、功能和自调控的自然综合体，是陆地生态系统中面积最大且最为重要的自然生态系统。森林作为地球陆生生态系统的主体，在为人类的生存和发展提供食物等自然资源的前提下，还具备着对气候的调节、对环境的净化及生物多样化发展等功能。森林生态系统服务功能可持续发展，就需要保护现有天然林资源，营建人工防护林，形成比较完备的森林生态工程体系，充分发挥森林的生态功能。防护林是一种特殊的森林群落，可以防御自然灾害、改善自然环境及维持生态系统平衡等。

共和盆地是青藏高原土地沙漠化程度较严重的地区，是研究高寒地区土地沙漠化的天然试验场，具有天然的优势地位。20世纪60年代在共和县沙珠玉乡建立了青海省治沙试验站。数十年来，一代又一代科技工作者奋斗于治沙前线，通过进行大量的引种栽培试验并结合该地区实际情况，筛选出一批适应性较强的乔灌木树种，建立了大面积防护林。他们采取生物措施与工程措施相结合的手段，探索出一套成型的高寒沙地防沙治沙综合治理技术措施。通过大面积的植被恢复，使流动沙丘得到了固定，抑制了沙尘的肆虐，有效地防治了沙化的蔓延（张登山和高尚玉，2007）。鉴于防护林生态系统对高寒沙区生态环境起着极其重要的作用，本章对共和盆地沙珠玉地区不同防护林类型的改善小气候功能、防风固沙功能、固碳功能和改良土壤功能进行了系统的研究，并对防护林生态系统各主要服务功能进行了正确的、科学的评估。本研究对改善高寒沙区生态环境及高寒沙区防护林工程建设、保护与经营具有重要的指导意义。

5.1　研　究　方　法

5.1.1　试验材料

结合研究区植被的恢复情况，为了确保数据的科学性和结果的可靠性，选取植被恢复时间和植被密度相同或相接近的植被类型进行研究。在沙丘上，选择了植被恢复年限完全相同的中间锦鸡儿林、柠条锦鸡儿林和沙蒿灌丛（1986年）为研究对象；在丘间地选取1998年人工栽植的乌柳沙柳混交林和怪柳林、2000年栽植的乌柳林和乌柳小叶杨混交林及2000年围封后自然恢复的赖草草地5种不同植被类型为研究对象。各样地的基本情况见表5.1。

表 5.1　不同植被恢复类型样地的基本情况

植被类型		地理位置	海拔/m	植被恢复时间及方式	株行距/m
		沙丘			
流动沙丘		N36°14.02′; E100°14.52′	2901		
沙蒿 Artemisia desertorum		N36°14.90′; E100°14.00′	2885	1986 年直播,近似天然灌丛	
柠条锦鸡儿 Caragana korshinskii		N36°14.87′; E100°14.16′	2881	1986 年直播,各行均匀分布	1.0×1.5
中间锦鸡儿 Caragana intermedia		N36°14.98′; E100°14.04′	2881	1986 年直播,各行均匀分布	1.0×2.0
		丘间地			
赖草 Leymus secalinus		N36°15.03′; E100°13.63′	2874	2000 年围封后自然恢复	
混交林	沙柳 Salix psammophila	N36°15.07′; E100°13.08	2874	1998 年栽植,5 行沙柳, 3 行乌柳,带间距 4m	1.0×2.0
	乌柳 Salix cheilophila				1.0×2.0
柽柳林 Tamarix chinensis		N36°15.06′; E100°15.16′	2874	1998 年栽植,各行均匀分布	1.0×1.5
乌柳林 Salix cheilophila		N36°14.38′; E100°14.14′	2873	2000 年栽植,3 行一带,带 间距 5m	1.5×1.5
混交林	小叶杨 Populus simonii	N36°15.12′; E100°13.97′	2871	2000 年栽植,4 行小叶杨, 4 行乌柳,带间距 4.5m	2.0×2.0
	乌柳 Salix cheilophila				1.5×2.0

5.1.2　改善小气候功能测定方法

在 2012 年 5 月、6 月和 7 月,各选择一个晴朗天气,在早晨(08: 00~09: 00)、中午(13: 30~14: 30)和下午(16: 30~17: 30)分别用 Kastrel 3000 手持气象仪测定样地内 50cm、100cm 和 150cm 高处的气温、相对湿度和风速;用 T-300 土壤水分温度测量仪测定 0~10cm、10~20cm、20~30cm、30~40cm 及 40~50cm 的土壤温度和体积含水量。其中,乌柳林为带状结构,在林带内的中央位置测定一个点。小叶杨+乌柳混交林分别在小叶杨林带内和乌柳林带内的中心位置测定两个点。乌柳+沙柳混交林分别在乌柳林带内和沙柳林带内的中心位置测定两个点。作为对照的流动沙丘和赖草草地及其他防护林均只测定一个点。

5.1.3　防风固沙功能测定方法

2012 年 10 月,在每个样地改善小气候功能测定点安装沙尘采集桶一个,桶直径为 30cm,桶高 50cm。将沙尘采集桶埋在地下,桶口与地面平齐。2013 年 10 月收集每个桶内的沙尘称重。

5.1.4　固碳功能测定方法

2013 年 7 月,在各个防护林内设置 3 块 10m×10m 的调查样地,进行每木检尺,记录各个样地的树高(高度)、冠幅。依据计算出的人工林的平均高度、平均冠幅，在各个样地选 3 株标准株，进行地上、地下生物量的测定。人工林地上生物量采用收获法进行采集，将标准株伐倒。柠条锦鸡儿、中间锦鸡儿、沙柳采用标准枝法；乌柳采用分段切割法，地上部分按每段 0.5m 截取；沙蒿全株采样。地上部分按照叶、新枝、老枝分成三部分。地下部分采用全挖法，带回实验室洗净后用游标卡尺分为粗根［直径（d）≥5.0mm］、中根（2.0mm<d<5.0mm）、细根（d≤2.0mm）。林分生物量采用标准木法，根据标准株生物量乘以株行距确定。

在植物生长旺盛期（8 月中旬），采用目测法测定群落的盖度。记录群落物种数、高度、密度，采用收获法测定地上生物量，并按物种分类，分别从茎基部剪下装入纸袋，在 70℃恒温箱烘干至恒重、称重。地下生物量与地上生物量同时测定，取 0~40cm 土柱，用细筛（1mm）筛去土，再用细纱布包好根系，用清水洗净，并拣出石块和其他杂物，在 80℃恒温箱烘干至恒重。

5.1.5　改良土壤功能测定方法

于 2013 年 5 月上旬，在每个所选择的植被类型和流动沙丘上选择生境基本相同的 20m×20m 样地各 4 块。对每个样地的植被进行形态学特性的测量。具体测定指标包括：灌丛或乔木的株高，冠幅（分南北向和东西向测量灌丛或乔木的最大直径），灌丛的株丛径（以地面为基准，同样分南北向和东西向测量地面上出现枝条区域的最大直径），乔木的基径。

根据不同植被类型的平均形态特征，在每个样方中选出一株标准株进行土壤样品采集。在每个标准株的下风向，距标准株中心位置 60cm 处等距设置 3 个采样点，测定每个样点 0~5cm、5~10cm、10~20cm 和 20~50cm 深度的土壤容重、总孔隙度和持水量等物理指标；同时将每个标准株 3 个采样点同一土层的样品均匀混合为一个样品，用自封袋带回室内自然风干，测定土壤机械组成和养分含量，4 个样方为 4 个重复。

为了全面评价植被恢复后的土壤肥力质量，本研究主要选取三类土壤指标作为评价土壤肥力质量的因子，分别为反映土壤物理性状的指标（土壤容重、土壤总孔隙度和土壤机械组成）、反映土壤持水能力的指标（最大持水量、最小持水量、毛管持水量和土壤含水量）和反映土壤养分特征的指标（土壤有机质含量、土壤全氮含量、土壤全磷含量和土壤全钾含量）。采用环刀法测定土壤容重、最大持水量、最小持水量、毛管持水量及总孔隙度；采用烘干称重法测定土壤含水量；采用比重计法测定土壤机械组成。土壤养分测定方法：将土壤样品过 0.15mm 筛，测定土壤有机质、全氮、全磷和全钾的含量。采用重铬酸钾浓硫酸消解硫酸亚铁滴定法测定土壤有机质含量；凯氏定氮法测定全氮含量；钼锑抗比色法测定全磷含量；原子吸收法测定全钾含量。

5.2　不同防护林类型改善小气候功能

在沙漠化土地进行植被恢复后，改善小气候效应具体表现在调节气温、增加降水量、降低蒸发量及调节土壤温度和土壤水分等方面。目前，中国关于半干旱区防风固沙林改善小气候效应的研究主要集中在北方地区。例如，在陕北安塞，与裸地相比，不同退耕模式对小气候均有改善作用，能够降低光强、气温和土壤温度，增加大气湿度，减少水面蒸发，降低风速（姜艳等，2007；王平平等，2010；徐丽萍等，2010）。其中，混交林的作用最明显，乔木林次之，灌木林较差（王平平等，2010）。在科尔沁沙地，与流动沙丘相比，小叶锦鸡儿（*Caragana microphylla*）灌木林能够显著降低气温，增加空气相对湿度，减小土壤浅层温度变幅（贺山峰等，2007）。关于干旱区防护林改善小气候效应的研究主要在西北地区进行。例如，在乌兰布和沙漠东北缘的 6 种不同配置模式防护林中，一行榆树（*Ulmus pumila*）＋两行新疆杨（*Populus alba* var. *pyramidalis*）＋一行榆树的防护效果最明显（张红利等，2009）。在内蒙古额济纳旗的荒漠河岸林中，胡杨（*Populus euphratica*）和多枝柽柳（*Tamarix ramosissima*）都能够有效降低太阳总辐射和气温，增加大气相对湿度，而且胡杨林增加湿度的作用比柽柳林更强（司建华等，2005）。在新疆克拉玛依，与荒漠相比，绿洲防护林带有一定的降温增湿作用，同时可以调节土壤温度和土壤水分（袁素芬等，2007）。然而，对青藏高原的高寒沙地防护林改善小气候效应的研究较少。仅董旭（2011）报道了青海省黄土丘陵地区不同退耕还林模式改善土壤温度的效应，结果表明青海云杉（*Picea crassifolia*）＋白桦（*Betula platyphylla*）混交林等 5 种模式均优于农田。由于青藏高原自然条件独特，海拔高、辐射强烈、气候寒冷，林木生长期短，其他地区关于防护林改善小气候的研究结果无法为当地的荒漠化防治提供足够的参考。因此，以青海共和盆地沙珠玉地区沙漠化土地主要防护林为研究对象，通过测定不同类型防护林的各项气象指标，选择改善小气候效应较好的防护林类型，为今后防护林的营建提供理论依据。

5.2.1　不同防护林类型对气温的影响

在沙丘生境中，在 5 月的早晨，防护林对气温有显著影响（$P<0.05$），沙蒿灌丛的气温显著高于流动沙丘（$P<0.05$）；中午和下午，防护林对气温没有显著影响（$P>0.05$）（图 5.1）。在 6 月的早晨、中午和下午，防护林对气温均没有显著影响（$P>0.05$）。在 7 月的早晨、中午和下午，防护林对气温均有显著影响（$P<0.05$），早晨柠条（中间锦鸡儿）林的气温显著低于流动沙丘（$P<0.05$），中午柠条林的气温显著高于流动沙丘（$P<0.05$），下午柠条林的气温显著高于沙蒿灌丛（$P<0.05$）。

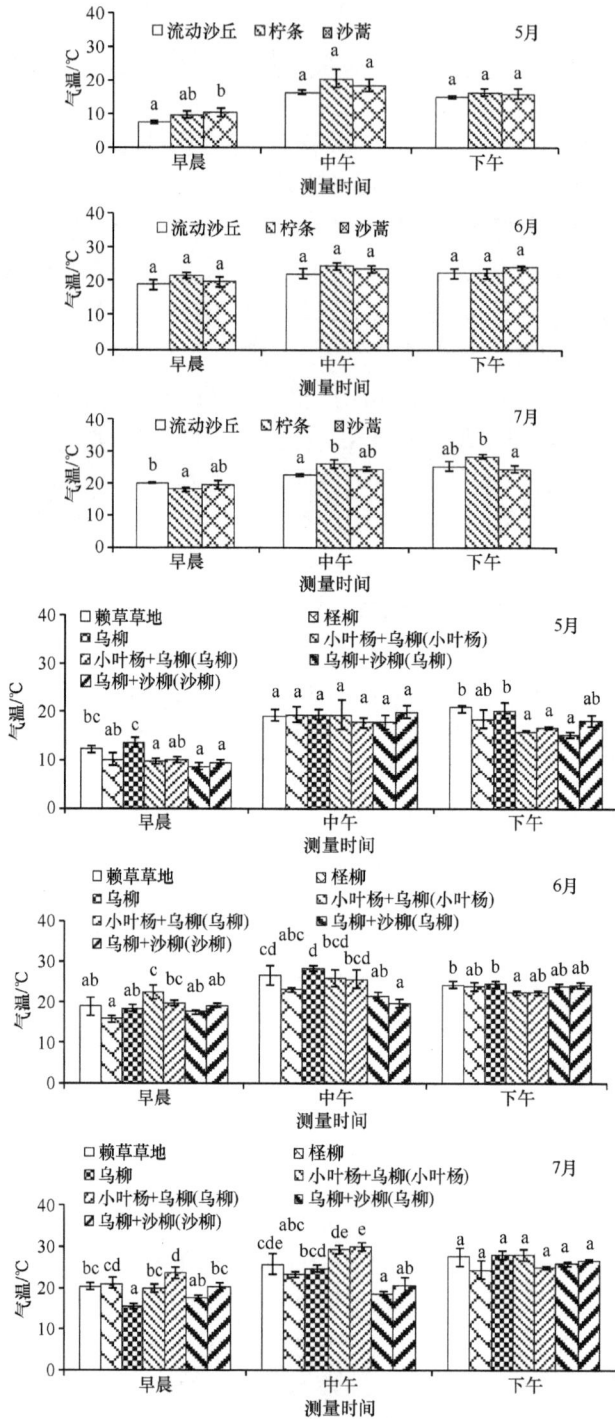

图 5.1　2012 年 5 月、6 月、7 月不同类型防护林的气温

不同字母表示不同防护林类型之间差异显著（$P<0.05$），下同

在丘间地生境中，5 月的早晨和下午，防护林对气温均有显著影响（$P<0.05$），中午防护林对气温没有显著影响（$P>0.05$）；早晨小叶杨+乌柳林的小叶杨林带、乌柳+沙柳林内的气温显著低于赖草草地（$P<0.05$）；下午小叶杨+乌柳林、乌柳+沙柳林的乌柳林带内的气温显著低于赖草草地（$P<0.05$）。6 月的早晨、中午和下午，防护林类型对气温均有显著影响（$P<0.05$）；早晨小叶杨+乌柳林的小叶杨林带内的气温显著高于赖草草地（$P<0.05$）；中午乌柳+沙柳林内的气温显著低于赖草草地（$P<0.05$）。在 7 月的早晨和中午，防护林对气温均有显著影响（$P<0.05$），下午防护林对气温没有显著影响（$P>0.05$）；早晨乌柳林内的气温显著低于赖草草地（$P<0.05$），小叶杨+乌柳混交林的乌柳林带内气温显著高于赖草草地（$P<0.05$）；中午乌柳+沙柳林内的气温显著低于赖草草地（$P<0.05$）。

5.2.2　不同防护林类型对相对湿度的影响

沙丘生境中，在 5 月的早晨，防护林对相对湿度没有显著影响（$P>0.05$）；中午和下午防护林对相对湿度都有极显著影响（$P=0.001$；$P<0.001$），柠条林和沙蒿灌丛内的相对湿度显著大于流动沙丘（$P<0.05$）。在 6 月的早晨和下午，防护林对相对湿度没有显著影响（$P>0.05$）；中午防护林对相对湿度有显著影响（$P<0.05$），沙蒿灌丛内的相对湿度显著大于柠条林（$P<0.05$）。在 7 月的早晨、中午和下午，防护林对相对湿度都有显著影响（$P<0.05$）；早晨柠条林和沙蒿灌丛内的相对湿度显著大于流动沙丘（$P<0.05$）；中午柠条林和沙蒿灌丛内的相对湿度显著小于流动沙丘（$P<0.05$）；下午沙蒿灌丛内的相对湿度显著大于流动沙丘（$P<0.05$）（图 5.2）。

丘间地生境中，在 5 月的早晨、中午和下午，防护林对相对湿度都有显著影响（$P<0.05$）；早晨柽柳林、小叶杨+乌柳林、乌柳+沙柳林内的相对湿度都显著大于赖草草地（$P<0.05$）；中午仅小叶杨+乌柳林的小叶杨林带内的相对湿度显著大于赖草草地（$P<0.05$）；下午小叶杨+乌柳林、乌柳+沙柳林内的相对湿度都显著大于赖草草地（$P<0.05$）。在 6 月的早晨、中午和下午，防护林对相对湿度都有显著影响（$P<0.05$）；早晨仅柽柳林内的相对湿度显著大于赖草草地（$P<0.05$）；中午仅乌柳+沙柳林内的相对湿度显著大于赖草草地（$P<0.05$）。在 7 月的早晨和下午，防护林对相对湿度具有显著影响（$P<0.05$），中午防护林类型对相对湿度没有显著影响（$P>0.05$）；早晨仅乌柳林内的相对湿度显著大于赖草草地（$P<0.05$）；下午仅柽柳林内的相对湿度显著大于赖草草地（$P<0.05$）。

5.2.3　不同防护林类型对土壤温度的影响

沙丘生境中，5 月，与流动沙丘相比，柠条林内 0~50cm 各层土壤温度类

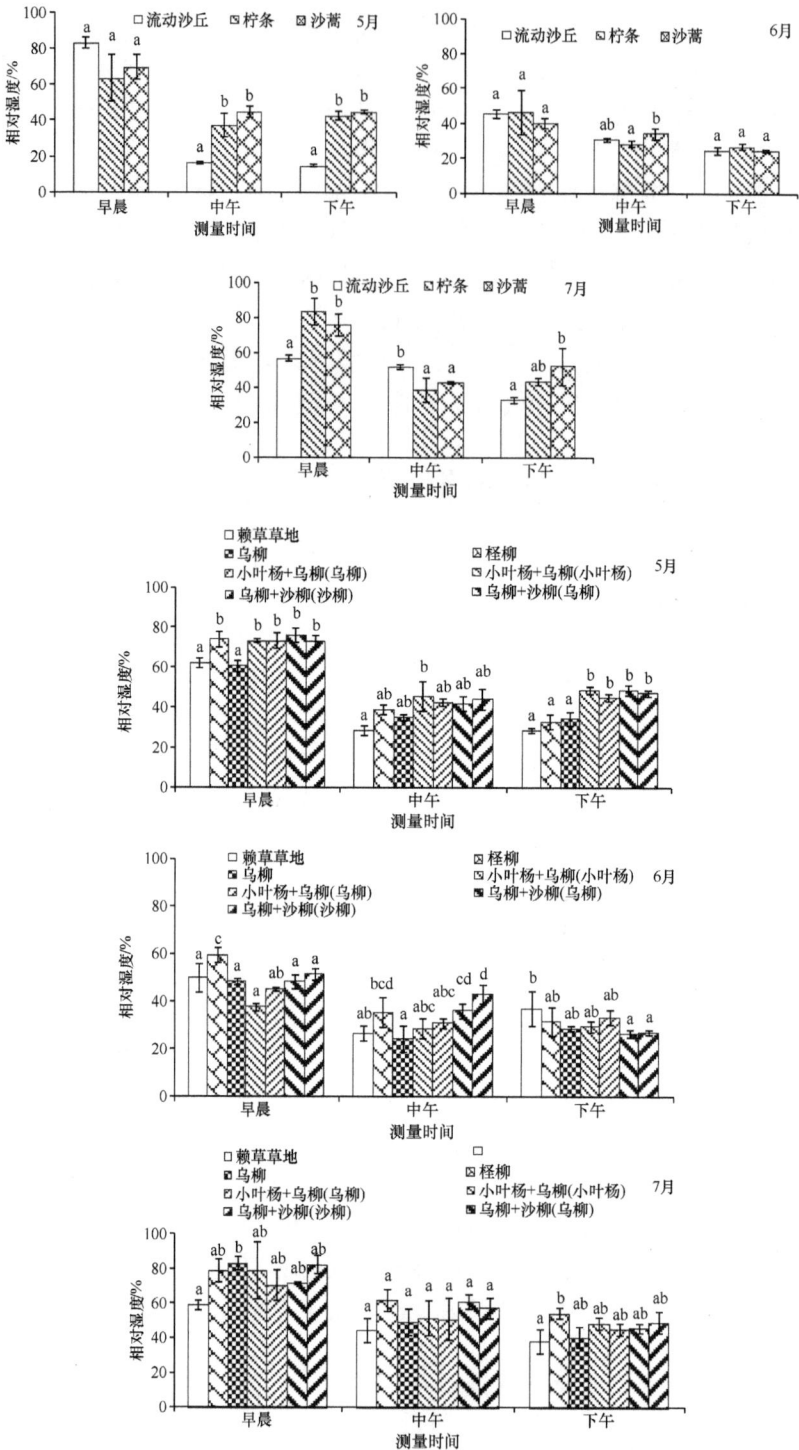

图 5.2　2012 年 5 月、6 月、7 月不同类型防护林的相对湿度

似，而沙蒿灌丛内各层土壤温度均较高。6 月，柠条林和沙蒿灌丛内土壤各层温度与流动沙丘类似。7 月柠条林和沙蒿灌丛内土壤各层温度均低于流动沙丘（表 5.2）。

丘间地生境中，5 月，与赖草草地相比，桎柳林和乌柳林内土壤各层温度类似；小叶杨+乌柳林内的土壤各层温度均较低；乌柳+沙柳林的乌柳林带内土壤各层温度均较低，而沙柳林带内土壤各层温度与赖草草地类似。6 月，桎柳林、乌柳林内土壤各层温度与赖草草地类似，而小叶杨+乌柳林、乌柳+沙柳林内的土壤各层温度均低于赖草草地。7 月，乌柳林、小叶杨+乌柳林内的土壤各层温度与赖草草地类似；桎柳林内土壤表层 0~10cm、10~20cm 和 20~30cm 土壤温度低于赖草草地，深层土壤温度与赖草草地类似；乌柳+沙柳林内的土壤各层温度均低于赖草草地（表 5.2）。

表 5.2 2012 年 5 月、6 月、7 月不同类型防护林内的土壤温度（℃）

时间	深度	流动沙丘	柠条	沙蒿	赖草草地	桎柳	乌柳	小叶杨+乌柳	乌柳+沙柳
5 月	0~10cm	17.67	18.00	20.67	18.67	19.33	18.00	17.00/15.33	13.67/17.67
	10~20cm	17.67	18.00	21.00	18.33	19.33	17.67	17.00/16.00	13.67/18.00
	20~30cm	17.67	18.00	21.00	17.33	19.33	17.33	16.67/15.67	13.33/17.00
	30~40cm	17.67	17.67	20.33	16.67	18.67	17.00	16.33/15.33	13.00/15.67
	40~50cm	17.00	16.67	20.00	15.67	20.33	16.67	16.00/15.00	12.67/14.67
6 月	0~10cm	20.33	20.67	21.33	20.33	20.00	20.00	18.33/17.67	15.33/14.67
	10~20cm	20.67	20.67	21.33	19.67	19.33	19.67	18.33/17.67	15.33/14.67
	20~30cm	20.67	20.33	21.00	19.00	19.33	19.33	17.67/17.33	15.00/14.67
	30~40cm	20.33	19.33	21.00	18.33	20.33	18.67	16.33/16.33	14.67/14.33
	40~50cm	20.33	18.33	20.00	16.33	18.33	18.67	15.67/15.67	13.67/13.33
7 月	0~10cm	24.67	18.00	21.33	22.00	18.67	20.67	18.33/20.33	14.67/17.67
	10~20cm	23.67	18.00	21.00	21.00	18.33	20.33	20.33/20.33	14.67/17.00
	20~30cm	23.00	17.67	21.00	19.67	18.67	19.33	19.67/19.67	14.67/16.67
	30~40cm	22.33	17.33	20.33	18.00	18.67	18.67	18.67/19.33	14.67/16.00
	40~50cm	22.00	17.00	19.67	17.67	19.33	18.33	18.33/18.67	14.67/15.33

5.2.4 不同防护林类型对土壤体积含水量的影响

沙丘生境中，5 月，与流动沙丘相比，柠条林和沙蒿灌丛内表层 0~10cm 土壤体积含水量同样均为 0%，而 10~50cm 各层土壤体积含水量均较高。6 月，柠条林和沙蒿灌丛内表层 0~10cm 土壤体积含水量低于流动沙丘，而 10~50cm 各层土壤体积含水量均较高。7 月，柠条林和沙蒿灌丛内 0~50cm 各层土壤体积含水量均高于流动沙丘（表 5.3）。

丘间地生境中，5 月，与赖草草地相比，柽柳林和乌柳林的表层 0~10cm 土壤体积含水量较低，深层含水量类似；小叶杨+乌柳林的各层土壤体积含水量均较低；乌柳+沙柳林的乌柳林带内 0~30cm 深度的土壤体积含水量较低，沙柳林带内的各层土壤含水量与赖草草地类似。6 月，小叶杨+乌柳林的乌柳林带内 0~10cm 深度的土壤体积含水量低于赖草草地，小叶杨林带内的 20~50cm 深度的土壤体积含水量高于赖草草地；其他防护林的深层土壤体积含水量也高于赖草草地。7 月，乌柳林内各层土壤体积含水量低于赖草草地，其他 3 种防护林的各层土壤体积含水量与赖草草地类似。

表 5.3　2012 年 5 月、6 月、7 月不同类型防护林内的土壤体积含水量（%）

时间	深度	流动沙丘	柠条	沙蒿	赖草草地	柽柳	乌柳	小叶杨+乌柳	乌柳+沙柳
5 月	0~10cm	0.00	0.00	0.00	15.67	3.67	12.33	1.67/6.67	4.67/22.00
	10~20cm	15.33	21.33	18.33	35.00	36.67	29.00	20.00/22.67	19.00/30.67
	20~30cm	22.33	35.33	28.33	45.33	41.00	42.00	29.00/33.00	28.00/35.00
	30~40cm	27.33	32.67	32.33	42.00	40.67	46.67	28.33/37.00	38.00/40.00
	40~50cm	27.33	33.33	35.67	49.33	33.00	48.67	37.67/37.67	36.67/37.67
6 月	0~10cm	21.00	13.67	3.00	27.33	35.33	26.33	25.33/17.67	28.33/24.67
	10~20cm	34.67	43.67	36.00	48.67	41.00	46.67	48.00/44.00	41.33/41.67
	20~30cm	20.00	39.67	35.33	40.67	41.33	49.00	52.67/43.67	50.67/48.33
	30~40cm	16.33	45.67	39.00	37.33	46.33	54.00	49.00/42.67	55.67/50.33
	40~50cm	12.33	44.33	36.33	37.33	48.00	62.00	57.67/50.33	49.00/48.00
7 月	0~10cm	24.00	31.67	35.67	39.33	55.00	27.81	31.33/38.67	48.67/47.67
	10~20cm	32.33	42.33	45.00	54.00	52.00	32.62	55.00/57.00	52.33/50.00
	20~30cm	42.33	60.33	62.00	58.00	62.00	34.76	62.00/60.00	57.67/54.67
	30~40cm	47.33	55.33	67.00	54.00	51.67	34.67	63.67/56.33	55.33/59.33
	40~50cm	50.33	52.00	57.33	50.00	56.00	36.33	65.33/56.67	53.67/53.33

5.2.5　小结

沙丘生境中，与流动沙丘相比，栽植柠条和沙蒿能够明显增加 5 月、6 月和 7 月的土壤含水量，增加 5 月中午和下午的相对湿度，降低 7 月的土壤温度；仅柠条能够降低 7 月早晨的气温。综合考虑，沙丘上柠条改善小气候的效应优于沙蒿。这可能是由于柠条的植株较高，平均高度达到 1.94m，而且其行带式密集排列的灌丛能够有效地改变局部的小气候；而沙蒿的植株较低，平均高度只有 0.61m，结构类似于天然群落，改善小气候的效应较弱。

丘间地生境中，与天然赖草草地相比，乔灌木混交林和灌木混交林能够明显降低气温、增加相对湿度并且降低土壤温度。但是，大部分防护林会导致土壤含水量降低，7 月仅有乔灌木混交林的小叶杨林带的土壤含水量高于赖草草地。综合考虑，丘间地两种混交林（小叶杨+乌柳、乌柳+沙柳）的改善小气候效应较好。

5.3　不同防护林类型防风固沙功能

在沙漠化土地进行植被恢复后，植被可以通过多种途径对地表形成保护（吴正，1987），首先，植被覆盖部分地表，使被覆盖部分免受风力作用；其次，植被可以分散地表以上一定高度内的风动量，从而减弱到达地表的风动量；最后，植被可以拦截运动沙粒，促其沉积。良好的植被条件，必将产生相应的热力效应、水文效应、动力效应及改良土壤、提高生物多样性等。新中国成立初期我国就开展了农田防护林生态效应研究，目前对乔木林防护效应的研究已较为成熟（黄富祥和高琼，2001；曹新孙，1983）。而在我国干旱、半干旱地区，植被生长主要受水分条件限制，灌木一般比乔木具有更强的适应性，从而能更好地发挥生态防护效应（周广胜和朱廷曜，1994）。例如，在毛乌素沙地，榆靖高速公路防风固沙林能够明显降低风速，增加地表粗糙度，减轻风蚀和沙埋（赵晓彬等，2010）。在科尔沁沙地，与流动沙丘相比，小叶锦鸡儿灌木林能够显著降低风速和输沙量（贺山峰等，2007）。在新疆克拉玛依，绿洲防护林带的防风效能随着与背风面距离的增加而递减（袁素芬等，2007）。在准噶尔盆地南缘的绿洲与荒漠交错带，防护林与自然植被共同减弱风速；自然植被的减弱风速作用大于疏透结构林带，风速较小时紧密结构林带减弱风速的作用大于自然植被（徐满厚等，2012）。

不同植被类型的防风固沙效应是区域生态建设植被合理配置的主要依据（赵振勇等，2006）。但是在青藏高原这种独特的自然条件下，关于沙漠化土地植被恢复后其防风固沙功能的研究还鲜有报道。研究不同植被类型的防风固沙功能，对于认识荒漠生态系统的功能和作用，以及有效指导沙漠化土地人工植被配置和自然植被修复都具有重要意义。

5.3.1　不同防护林类型对风速的影响

在沙丘生境中，5 月早晨、中午和下午防护林对风速都有极显著影响（$P<0.001$），柠条林和沙蒿灌丛内的风速显著低于流动沙丘（$P<0.05$）。在 6 月的早晨、中午和下午，防护林对风速都有极显著影响（$P<0.001$），柠条林和沙蒿林内的风速显著低于流动沙丘（$P<0.05$）。在 7 月的早晨和中午，防护林类型对风速没有显著影响（$P>0.05$）；下午防护林类型对风速有显著影响（$P<0.05$），柠条林和沙蒿灌丛内的风速显著低于流动沙丘（$P<0.05$）（图 5.3）。

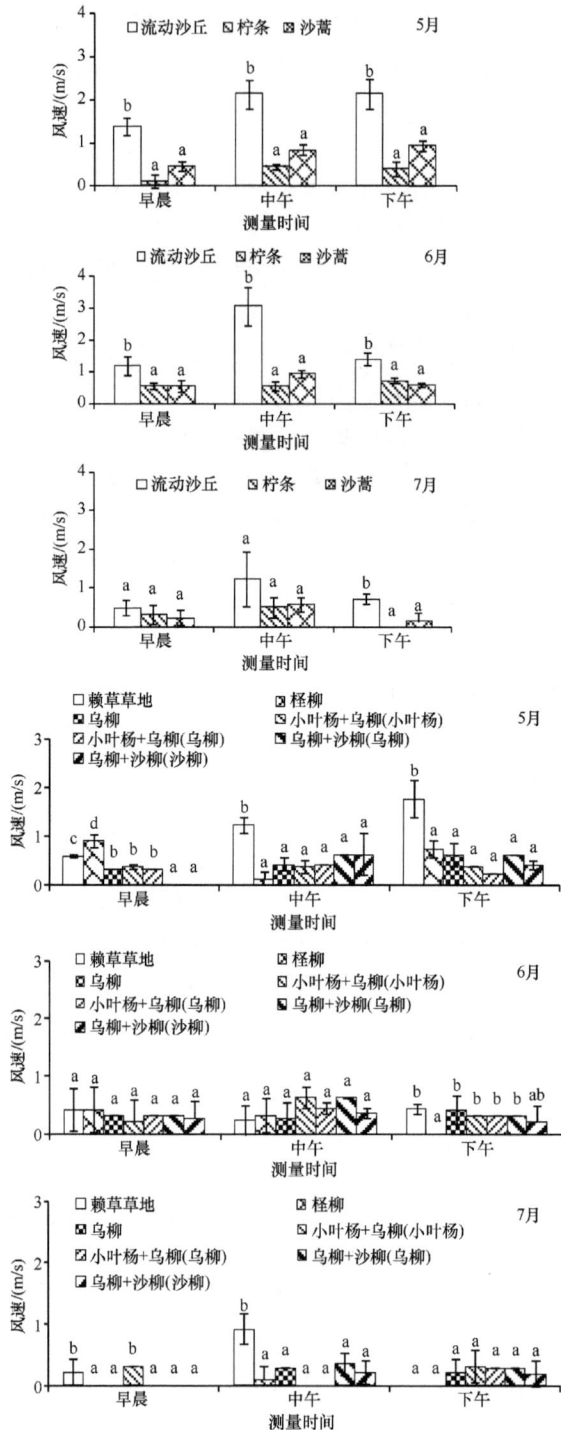

图 5.3　2012 年 5 月、6 月、7 月不同类型防护林的风速

不同字母表示不同防护林类型之间差异显著（$P<0.05$）

　　在丘间地生境中，5 月的早晨、中午和下午，防护林对风速都有极显著影响（$P<0.001$），早晨柽柳林内的风速显著高于赖草草地（$P<0.05$），其他类型防护林内的风速显著低于赖草草地（$P<0.05$）；中午和下午各种类型防护林内的风速均显著低于赖草草地（$P<0.05$）。6 月的早晨和中午，防护林类型对风速没有显著影响（$P>0.05$）；下午防护林类型对风速有极显著影响（$P<0.001$），柽柳林内的风速显著低于赖草草地（$P<0.05$）。7 月的早晨和中午，防护林类型对风速都有极显著影响（$P=0.001$；$P<0.001$），下午防护林类型对风速没有显著影响（$P>0.05$）；早晨柽柳林、乌柳林、小叶杨+乌柳林的乌柳林带、乌柳+沙柳林内的风速显著低于赖草草地（$P<0.05$）；中午各种类型防护林内的风速均显著低于赖草草地（$P<0.05$）。

5.3.2　不同防护林类型对沙尘的影响

　　2013 年 10 月对风沙仪采集到的沙尘进行收集并称重，结果如图 5.4 所示。流动沙丘样地收集到的沙尘量为 20.7g，然后依次为沙蒿样地（11.9g）、小叶杨+乌柳混交样地（6.6g）和乌柳纯林样地（1.1g）。其他 4 个样地小叶杨林、柠条林、赖草草地和沙柳+乌柳混交林并未收集到沙尘。可能是由于这 4 个样地植被覆盖度高、地表有草本植物的覆盖，样地内未能达到起沙条件，林外沙尘也被有效防止进入林内，因此并未收集到沙尘。由此可以看出，未收集到沙尘的 4 种植被类型的固沙效果较好；收集到沙尘的 3 种植被类型间相比较，乌柳纯林的固沙效果最好，仅为流动沙丘沙尘量的 5.3%，沙蒿防护效果较差，为流动沙丘沙尘量的 57.5%。

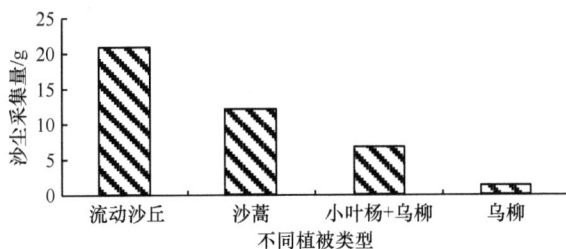

图 5.4　各样地沙尘采集量

5.3.3　小结

　　综上所述，沙丘上种植柠条和沙蒿后，能起到显著降低风速的作用，在沙丘地上营造的沙蒿灌丛的沙尘通量远低于流动沙丘，柠条林未收集到沙尘，说明这两种防护林较大程度地降低了沙尘起尘量，柠条林的固沙作用优于沙蒿灌丛。丘间地灌木人工林的防风效果要显著优于天然赖草草地；小叶杨林、沙柳+乌柳混交林和赖草草地也未收集到沙尘，其他类型防护林的起尘量均远远低于流动沙丘，这说明这几种防护林的防风固沙效果相当好。

5.4　不同防护林类型固碳功能

森林作为陆地生态系统最大的碳库，发挥着重要生态服务功能。而营造人工林是一种见效快、收益大、应用广的植被恢复重建方式。目前，我国是世界上人工林面积最大的国家，人工造林面积居世界第一。植被重建是青海省共和盆地防治土地沙漠化最有效的措施之一。自19世纪50年代末以来，青海共和盆地积极开展退耕还林、机械沙障、麦草方格和封禁等植被恢复措施，同时人工营造绿洲防护林体系。该绿洲防护林体系具有多种生态和经济效益，其中固碳释放氧气功能是重要的生态服务功能（张登山等，2009）。

诸多学者在共和盆地开展了大量的植被恢复试验，并进行长期定位研究，取得了一定的科研成果。前人对共和盆地的研究主要集中在共和盆地土地沙漠化及影响因子（张登山等，2009），共和盆地主要人工林生长特征（于洋等，2014；Tian et al.，2014），共和盆地人工林主要物种水分利用策略（Jia et al.，2012），以及不同人工林对小气候的影响（朱雅娟等，2014）。但是，对高寒沙区不同类型人工林固碳特征的研究，特别是针对共和盆地特殊地理位置人工林固碳的研究较少。本研究选取青藏高原共和盆地流动沙丘与丘间地生长较好的人工防护林为研究对象，深入研究不同类型防护林、灌木与草本层生物量及各个器官碳贮量的分配格局，旨在挑选出固碳效果好的防护林类型，为科学评价不同防护林的固碳能力提供理论依据，为我国高寒沙区植被建设提供科学指导。

5.4.1　不同防护林类型各部分生物量分配特征

不同防护林地上生物量分配比例的变化为老茎＞叶片＞当年新生茎，如图5.5所示。不同防护林叶片的相对生物量没有显著差异（$P > 0.05$），其中，不同防护林叶片的相对生物量为沙柳混交林＞柠条锦鸡儿＞乌柳混交林＞沙蒿＞中间锦鸡儿＞乌柳纯林。不同防护林当年新茎的相对生物量存在显著差异（$P = 0.0003$），为沙蒿＞沙柳混交林＞中间锦鸡儿＞柠条锦鸡儿＞乌柳纯林＞乌柳混交林。不同防护林类型的老茎的相对生物量差异不显著（$P > 0.05$）。不同防护林类型老茎的相对生物量为乌柳纯林＞中间锦鸡儿＞乌柳混交林＞柠条锦鸡儿＞沙柳混交林＞沙蒿。

不同防护林地下生物量主要分配在直径超过5mm的大根，但是沙蒿的根主要为直径0~2mm的细根，其次为中根，大根的比例最小。不同防护林类型细根、中根和粗根的相对生物量存在显著差异（$P < 0.0001$；$P < 0.0307$；$P < 0.009$）。

不同防护林直径 0~2mm 细根相对生物量为沙蒿＞乌柳纯林＞乌柳混交林＞沙柳混交林＞柠条锦鸡儿＞中间锦鸡儿；不同防护林直径 2~5mm 中根相对生物量为沙蒿＞沙柳混交林＞柠条锦鸡儿＞乌柳混交林＞中间锦鸡儿＞乌柳纯林；不同防护林直径＞5mm 大根相对生物量为乌柳纯林＞中间锦鸡儿＞乌柳混交林＞柠条锦鸡儿＞沙柳混交林＞沙蒿。

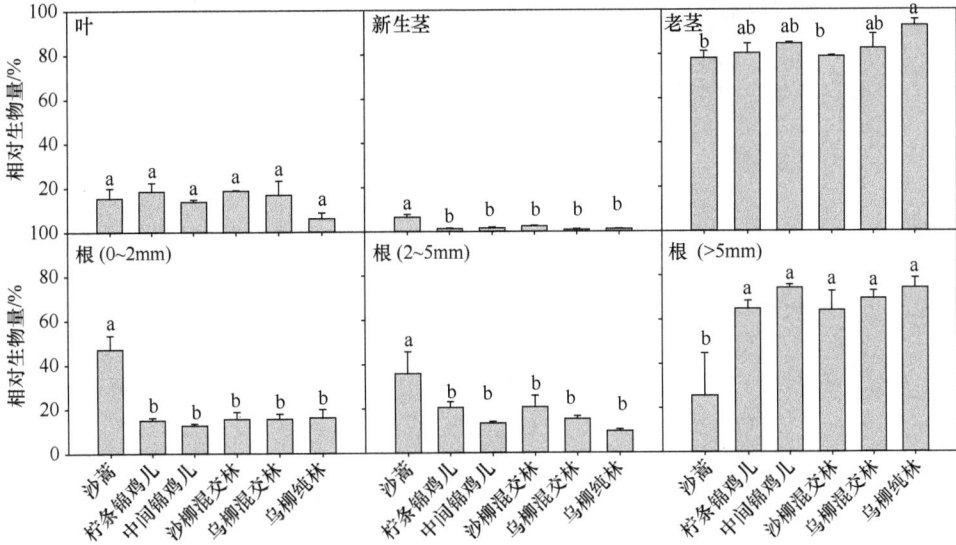

图 5.5　不同防护林地上叶片、当年新生茎、老茎的相对生物量与地下细根、
中根、粗根的相对生物量

不同字母表示不同防护林类型之间差异显著（P＜0.05），下同

5.4.2　不同防护林类型各部分碳密度

不同防护林叶片碳密度差异不显著（P＞0.05），但是不同防护林新生茎、老茎、地上平均碳密度存在显著差异（P=0.011；P＜0.0001；P＜0.0001）。如图 5.6 所示，乌柳混交林叶片碳密度最高，其余为柠条锦鸡儿＞沙柳混交林＞中间锦鸡儿＞沙蒿＞乌柳纯林；新生茎碳密度的顺序为沙柳混交林＞乌柳混交林＞中间锦鸡儿＞柠条锦鸡儿＞乌柳纯林＞沙蒿；老茎碳密度的顺序为乌柳混交林＞中间锦鸡儿＞乌柳纯林＞沙柳混交林＞柠条锦鸡儿＞沙蒿。地上部分平均碳密度为乌柳混交林＞中间锦鸡儿＞乌柳纯林＞沙柳混交林＞柠条锦鸡儿＞沙蒿。

不同防护林类型细根、中根碳密度无显著差异（P＞0.05；P＞0.05）。地下根平均碳密度存在显著差异（P=0.0024），其碳密度的顺序为柠条锦鸡儿＞中间锦鸡儿＞沙蒿＞乌柳纯林＞沙柳混交林＞乌柳混交林。

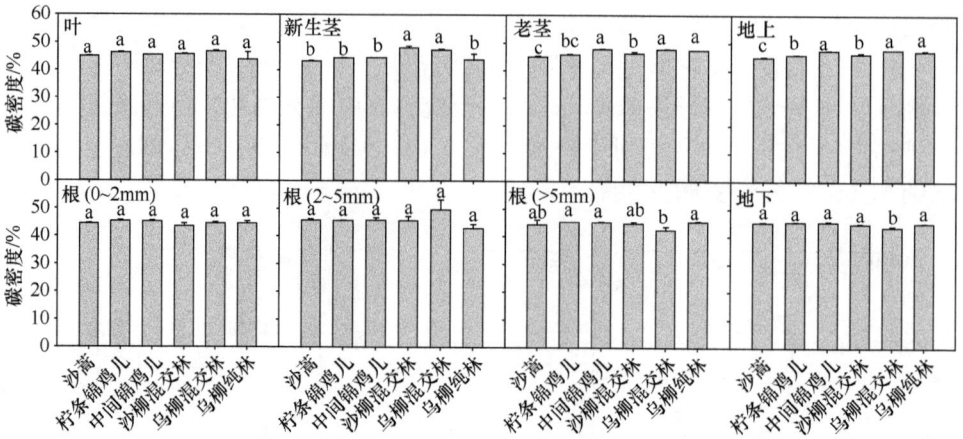

图 5.6　不同防护林地上叶片、新生茎、老茎和地上与细根、中根、粗根和地下的碳密度

5.4.3　不同防护林类型生物量与碳贮量

如图 5.7 所示,不同防护林地上、地下和总生物量存在极显著差异($P<0.0001$; $P=0.0004$; $P<0.0001$);不同防护林地上、地下和总碳贮量也存在极显著差异($P<0.0001$; $P=0.0003$; $P<0.0001$)。地上生物量和碳贮量从高到低依次为乌柳混交林>中间锦鸡儿>沙柳混交林>乌柳纯林>柠条锦鸡儿>沙蒿;地下生物量和碳贮量从高到低依次为沙柳混交林>中间锦鸡儿>柠条锦鸡儿>乌柳混交林>乌柳纯林>沙蒿;总生物量和总碳贮量从高到低依次为中间锦鸡儿>乌柳混交林>沙柳混交林>乌柳纯林>柠条锦鸡儿>沙蒿。

5.4.4　不同防护林类型对草本群落特征的影响

不同防护林对林下草本群落的高度没有显著影响($P>0.05$),但是对草本群落的盖度、物种丰富度、群落密度、地上生物量、地下生物量有显著影响($P<0.0001$; $P=0.0013$; $P<0.0001$; $P<0.003$; $P<0.0001$)。不同防护林地上部分碳含量存在显著差异,地下碳含量无显著差异($P=0.028$; $P=0.0598$)。如表 5.4 所示,群落高度的变化顺序是柠条锦鸡儿>赖草>中间锦鸡儿>沙柳混交林>乌柳纯林>乌柳混交林>沙蒿;草本群落的盖度由大到小依次是赖草>柠条锦鸡儿>沙蒿>中间锦鸡儿>乌柳纯林>沙柳混交林>乌柳混交林。群落丰富度的顺序为沙蒿>柠条锦鸡儿>中间锦鸡儿>乌柳纯林>赖草>沙柳混交林>乌柳混交林;群落密度的顺序为赖草>柠条锦鸡儿>沙蒿>乌柳纯林>沙柳混交林>中间锦鸡儿>乌柳混交林。

不同防护林群落地上生物量从高到低的顺序依次为赖草>中间锦鸡儿>柠条锦鸡儿>沙蒿>沙柳混交林>乌柳纯林>乌柳混交林;地下生物量从高到低的顺序为赖草>沙蒿>沙柳混交林>柠条锦鸡儿>乌柳纯林>中间锦鸡儿>乌柳混交

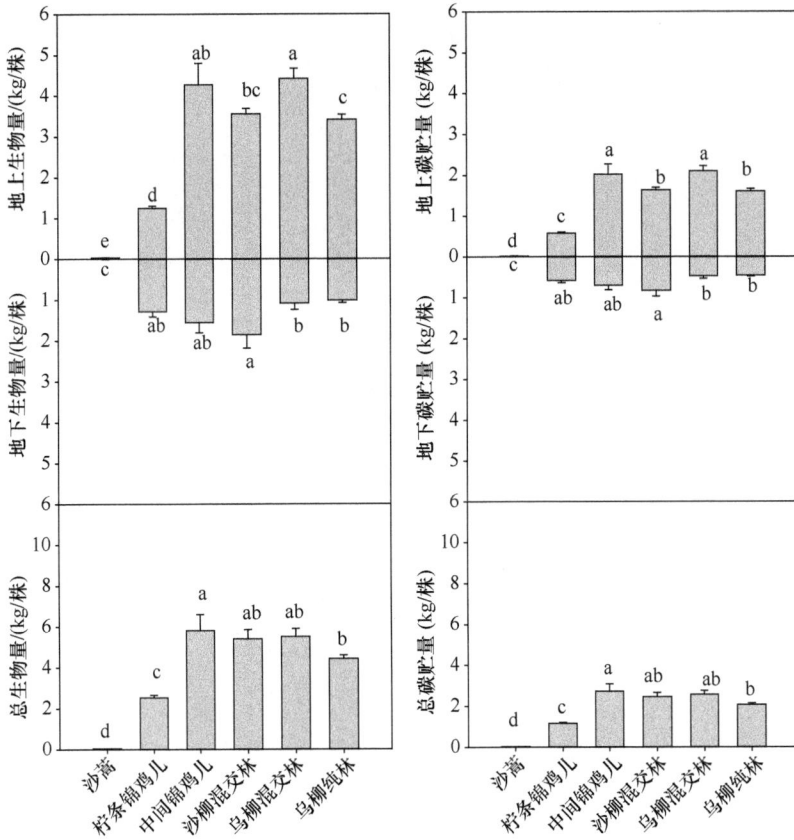

图 5.7　不同防护林地上、地下和总的生物量与碳贮量

林。不同防护林群落地上草本层碳含量为乌柳混交林＞中间锦鸡儿＞柠条锦鸡儿＞沙柳混交林＞乌柳纯林＞沙蒿＞赖草；地下草本层碳含量为赖草＞乌柳混交林＞沙柳混交林＞柠条锦鸡儿＞沙蒿＞乌柳纯林＞中间锦鸡儿。

5.4.5　不同防护林类型碳贮量空间分布特征

不同防护林类型对灌木群落地上、地下和总碳贮量存在极显著影响（$P<0.000$；$P<0.0001$；$P<0.0001$），不同防护林对草本群落地上、地下和总碳贮量有显著影响（$P=0.01$；$P<0.0001$；$P=0.0003$）。不同防护林总碳贮量存在显著差异（$P<0.0001$）。如表 5.5 所示，其中灌木层沙柳混交林地上碳贮量最高，柠条锦鸡儿地下碳贮量最高，总碳贮量从高到低的顺序依次为沙柳混交林＞中间锦鸡儿＞柠条锦鸡儿＞乌柳混交林＞乌柳纯林＞沙蒿。草本层中间锦鸡儿地上碳贮量最高，赖草地下碳贮量最高，草本层总的碳贮量从高到低的顺序为赖草＞沙蒿＞柠条锦鸡儿＞中间锦鸡儿＞沙柳混交林＞乌柳纯林＞乌柳混交林。不同防护林总碳贮量的顺序为沙柳混交林＞中间锦鸡儿＞柠条锦鸡儿＞乌柳混交林＞乌柳纯林＞沙蒿＞赖草。

表 5.4 不同防护林下草本群落特征

人工林	高度/cm	盖度/%	丰富度/株	群落密度/(株/m²)	地上生物量/(g/m²)	地上碳含量/(g/kg)	地下生物量/(g/m²)	地下碳含量/(g/kg)
沙蒿	27.33±4.06b	53.33±3.33c	6.67±0.33a	123.33±26.96b	105.70±5.81ab	44.24±0.65a	208.75±18.80b	42.05±2.15ab
柠条锦鸡儿	60.67±5.81a	70.00±5.77b	6.67±1.20a	254.33±54.23b	163.20±13.99a	44.97±0.15a	100.63±5.12c	42.39±1.12ab
中间锦鸡儿	53.33±17.37ab	43.33±8.82c	5.33±0.88ab	50.67±27.61b	184.20±71.75a	45.58±1.07a	75.00±12.90c	37.82±3.34b
赖草	54.33±5.90ab	90.00±0.00a	3.33±0.88bc	999.33±259.63a	187.30±30.36a	37.52±2.45b	268.33±25.52a	48.51±2.01a
沙柳混交林	51.33±15.51ab	25.00±5.00d	2.00±0.58d	94.33±5.55b	51.37±5.55b	44.94±0.24a	164.38±22.09b	42.63±1.23ab
乌柳混交林	39.67±3.28ab	9.00±0.58e	1.67±0.67d	34.67±3.38b	11.00±2.00b	46.52±2.27a	69.17±7.76c	45.25±2.11a
乌柳纯林	42.33±2.33ab	30.00±3.60de	4.00±0.58bc	122.67±42.83b	35.97±13.03b	44.94±2.37a	87.08±24.75c	41.74±1.12ab

注：不同字母表示不同防护林类型之间差异显著（$P<0.05$），下同

表 5.5 不同防护林群落碳贮量空间分布特征（Mg/hm^2）

人工林	灌木			草本			总碳贮量
	地上碳贮量	地下碳贮量	总碳贮量	地上碳贮量	地下碳贮量	总碳贮量	
沙蒿	0.70±0.09d	0.12±0.02c	0.82±0.10c	0.47±0.03ab	0.87±0.06b	1.34±0.07b	2.16±0.04d
柠条锦鸡儿	5.71±0.27c	5.81±0.57a	11.52±0.52b	0.73±0.06a	0.43±0.01c	1.16±0.07b	12.68±0.46bc
中间锦鸡儿	8.97±1.12b	3.12±0.48b	12.09±1.60b	0.85±0.34a	0.28±0.02c	1.13±0.34b	13.22±1.79b
赖草	—	—	—	0.71±0.14a	1.30±0.09a	2.00±0.24a	2.00±0.24d
沙柳混交林	10.92±0.40a	5.49±0.97a	16.41±1.37a	0.23±0.02b	0.70±0.08b	0.93±0.09bc	17.33±1.46a
乌柳混交林	9.34±0.54ab	2.09±0.29b	11.43±0.81b	0.05±0.01b	0.31±0.02c	0.36±0.03d	11.79±0.82bc
乌柳纯林	7.14±0.28c	2.02±0.12b	9.16±0.35b	0.17±0.07b	0.36±0.09c	0.53±0.16cd	9.68±0.50c

5.4.6 小结

不同防护林生物量分配特征均表现为地上部分老茎的比例最高,其次为叶片,当年新生的茎生物量较少。这主要因为本研究的防护林为多年生灌木,且灌木长势很好,老茎的比例高对碳的蓄积有重要作用。而地下粗根的比例最高,但是沙蒿除外,其细根和中根的比例高,而粗根较少。

与流动沙丘相比,柠条锦鸡儿人工林最能增加草本群落的盖度、物种丰富度与群落密度;中间锦鸡儿显著增加群落地上生物量,而沙蒿对地下生物量和总生物量的影响最大。与丘间赖草相比,乌柳纯林对草本群落的盖度、丰富度和群落密度影响最大;沙柳对草本层群落地上、地下生物量影响较大。

以赖草为对照,沙柳混交林和乌柳混交林地上固碳最大,地下沙柳混交林固碳最大,总固碳沙柳混交林最高;同时沙柳对草本层影响最大,沙柳林林下草本层固碳也为丘间地最高。总之灌草群落总碳贮量以沙柳最高。鉴于沙柳是丘间地生产力、碳贮量最高的人工林树种,沙柳是丘间地固碳功能最好的树种。与流动沙丘对照,中间锦鸡儿地上固碳最高、柠条锦鸡儿地下固碳最高,总固碳以中间锦鸡儿最高,但是与柠条锦鸡儿无显著差异。两种锦鸡儿对草本固碳无显著差异,柠条锦鸡儿略大于中间锦鸡儿。群落总碳贮量以中间锦鸡儿最高,稍高于柠条锦鸡儿。因为两种锦鸡儿在群落固碳与草本固碳方面无显著差异,可以认为两种锦鸡儿在共和盆地具有相当的固碳功能。

5.5 不同防护林类型改良土壤功能

在沙漠化土地进行植被恢复后,地面覆盖度增加,可以防风固沙、调节气候、涵养水源、防止土壤侵蚀进而减少土壤养分流失。植被冠层下还可以富集养分和枯落物,枯落物可以保护表层土壤,提高土壤蓄水能力,其分解后又归还于土壤（Kemp et al., 2003）,促进土壤肥力恢复。因此,沙漠化土地土壤特性的改善与沙漠化的逆转密切相关（Allington and Valone，2010）。本节以恢复年限基本相同的不同植被恢复类型为研究对象，选取多项反映土壤肥力质量的指标作为评价指标，对不同植被恢复类型下的土壤肥力质量进行综合分析，为科学评价高寒沙地植被恢复在提高土壤肥力质量方面的生态效应提供理论参考。

5.5.1 沙丘上不同防护林类型土壤物理特性差异

在 0~5cm 深度，流动沙丘的砂粒含量显著高于沙蒿灌丛和柠条锦鸡儿林，沙蒿灌丛和柠条锦鸡儿林又极显著高于中间锦鸡儿林（$P<0.001$）（图 5.8）；中间锦鸡儿林的粉粒含量显著高于柠条锦鸡儿林、沙蒿灌丛和流动沙丘，柠条锦鸡儿林极显著高于流动沙丘（$P<0.001$）；中间锦鸡儿林的黏粒含量极显著高于柠条锦鸡儿林和流动沙丘（$P<0.001$），沙蒿灌丛的黏粒含量也极显著高于流动沙丘（$P<0.001$）。在 5~10cm 深度，流动沙丘的砂粒含量显著高于沙蒿灌丛，沙蒿灌丛显著高于柠条锦鸡儿林，柠条锦鸡儿林又极显著高于中间锦鸡儿林（$P<0.001$）；中间锦鸡儿林的粉粒含量显著高于柠条锦鸡儿林，柠条锦鸡儿林又极显著高于沙蒿灌丛和流动沙丘（$P<0.001$）；中间锦鸡儿林的黏粒含量显著高于柠条锦鸡儿林和流动沙丘，柠条锦鸡儿林和沙蒿灌丛又极显著高于流动沙丘（$P<0.001$）。在 10~20cm 深度，流动沙丘的砂粒含量显著高于沙蒿灌丛、柠条锦鸡儿林和中间锦鸡儿林，沙蒿灌丛又极显著高于中间锦鸡儿林（$P<0.001$）；中间锦鸡儿林的粉粒含量显著高于沙蒿灌丛和流动沙丘，柠条锦鸡儿林的粉粒含量也极显著高于流动沙丘（$P<0.001$）；中间锦鸡儿林、柠条锦鸡儿林和沙蒿灌丛的黏粒含量都极显著高于流动沙丘（$P<0.001$）。在 20~50cm 深度，流动沙丘和 3 种植被类型之间的砂粒、粉粒和黏粒含量都无显著差异（$P>0.05$）。

沙蒿灌丛 0~5cm 深度的砂粒含量显著低于深层土壤（$P<0.05$），柠条锦鸡儿林和中间锦鸡儿林的砂粒含量随着土壤深度的增加极显著增加（$P<0.001$）。沙蒿灌丛和柠条锦鸡儿林 0~5cm、5~10cm 和 10~20cm 深度的粉粒含量显著高于20~50cm 深度（$P<0.05$），中间锦鸡儿林 0~5cm 深度的粉粒含量显著高于 10~20cm深度，5~10cm 和 10~20cm 深度又显著高于 20~50cm 深度（$P<0.05$）。流动沙丘、沙蒿灌丛和柠条锦鸡儿林 0~5cm 深度的黏粒含量显著高于深层土壤（$P<0.05$），中间锦鸡儿林 0~5cm 深度的黏粒含量显著高于 5~10cm，5~10cm 深度又极显著高于深层土壤（$P<0.001$）。

在 0~5cm 深度，柠条锦鸡儿林和中间锦鸡儿林的土壤含水量极显著高于沙蒿灌丛和流动沙丘（$P<0.001$），流动沙丘的土壤容重显著高于中间锦鸡儿林（$P<0.05$），柠条锦鸡儿林的总孔隙度显著高于沙蒿灌丛，沙蒿灌丛和中间锦鸡儿林的总孔隙度显著高于流动沙丘（$P<0.05$）（图 5.9）。在 5~10cm 深度，柠条锦鸡儿林和中间锦鸡儿林的土壤含水量极显著高于沙蒿灌丛和流动沙丘（$P<0.001$），流

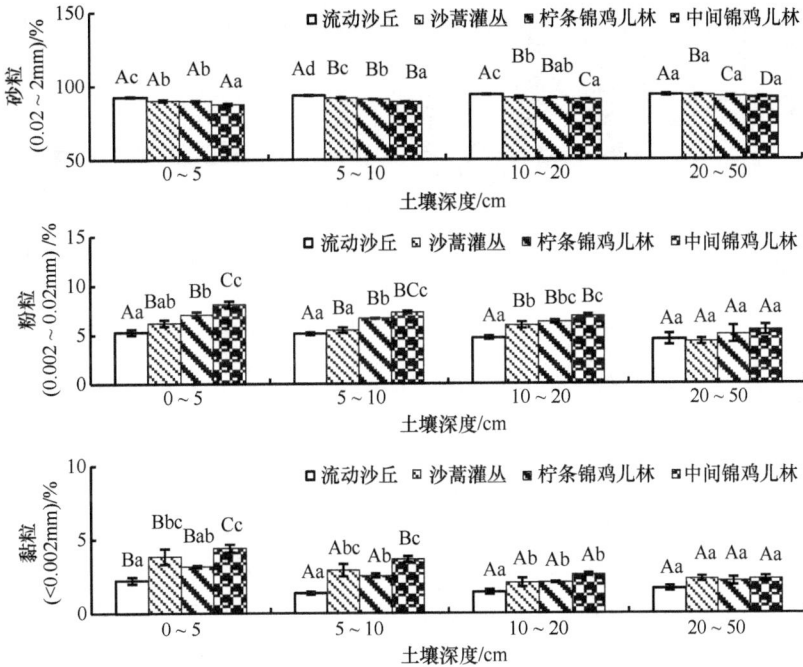

图 5.8　沙丘上不同植被类型和流动沙丘土壤机械组成随土壤深度的变化

不同大写字母表示同一植被类型不同土壤深度之间的土壤特性指标差异显著，不同小写字母表示同一土壤深度不同植被类型之间的土壤特性指标差异显著（$P<0.05$），下同

动沙丘和沙蒿灌丛的土壤容重显著高于中间锦鸡儿林（$P<0.05$），沙蒿灌丛和柠条锦鸡儿林的总孔隙度显著高于流动沙丘（$P<0.05$）。在 10~20cm 深度，流动沙丘和不同植被类型之间的土壤含水量、土壤容重和总孔隙度都无显著差异（$P>0.05$）。在 20~50cm 深度，流动沙丘的土壤含水量极显著高于 3 种植被类型（$P<0.001$），柠条锦鸡儿林和中间锦鸡儿林的总孔隙度显著高于流动沙丘（$P<0.05$）。

　　流动沙丘的土壤含水量随着土壤深度的增加呈增加趋势（$P<0.001$），不同深度之间的土壤容重无显著差异（$P>0.05$），20~50cm 深度的总孔隙度显著低于浅层土壤（$P<0.05$）。沙蒿灌丛的土壤含水量随着土壤深度的增加先极显著增加后又极显著降低（$P<0.001$），5~10cm 深度的土壤含水量较高，不同深度之间的土壤容重无显著差异（$P>0.05$），0~5cm 和 5~10cm 深度的总孔隙度显著高于深层土壤（$P<0.05$）。柠条锦鸡儿林和中间锦鸡儿林 0~5cm 和 5~10cm 深度的土壤含水量极显著高于深层土壤深度（$P<0.001$），两个林分 10~20cm 和 20~50cm 深度的土壤容重显著高于 0~5cm 深度（$P<0.05$），柠条锦鸡儿林的总孔隙度随着土壤深度的增加显著降低（$P<0.05$），中间锦鸡儿林 0~5cm 深度的总孔隙度显著高于深层土壤（$P<0.05$）。

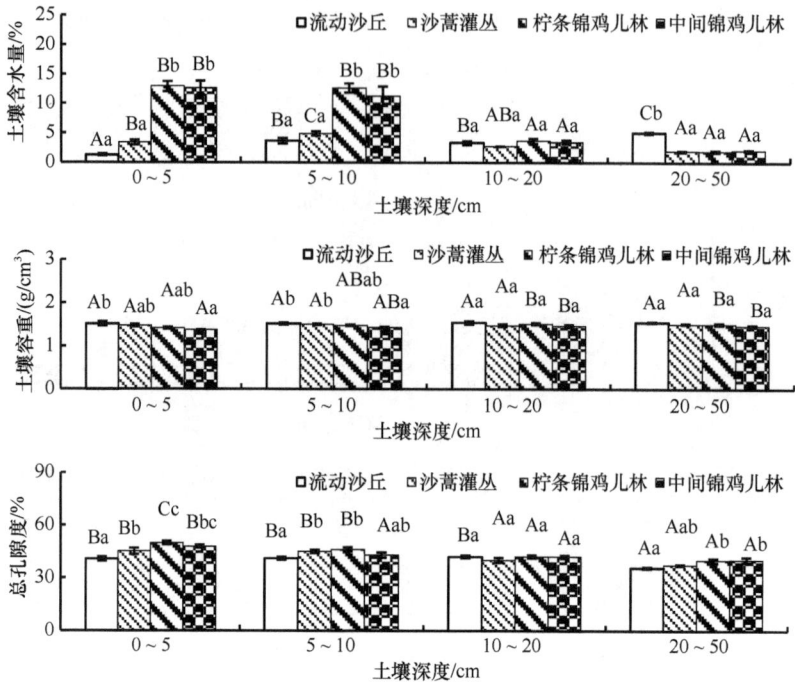

图5.9 沙丘上不同植被类型和流动沙丘土壤含水量、容重、总孔隙度随土壤深度的变化

在0~5cm深度，中间锦鸡儿林的最大持水量显著高于沙蒿灌丛和流动沙丘，柠条锦鸡儿林的最大持水量也显著高于流动沙丘（$P<0.05$）；流动沙丘和不同植被类型之间的最小持水量无显著差异（$P>0.05$）；中间锦鸡儿林、柠条锦鸡儿林和沙蒿灌丛的毛管持水量显著高于流动沙丘（$P<0.05$）（图5.10）。在5~10cm深度，流动沙丘和不同植被类型之间的最大持水量、最小持水量和毛管持水量均无显著差异（$P>0.05$）。在10~20cm深度，中间锦鸡儿林的最小持水量显著高于沙蒿灌丛（$P<0.05$）；流动沙丘和不同植被类型之间的最大持水量和毛管持水量均无显著差异（$P>0.05$）。在20~50cm深度，中间锦鸡儿林的最大持水量显著高于沙蒿灌丛和流动沙丘，柠条锦鸡儿林的最大持水量也显著高于流动沙丘（$P<0.05$）；中间锦鸡儿林和柠条锦鸡儿林的毛管持水量显著高于沙蒿灌丛和流动沙丘（$P<0.05$）；流动沙丘和不同植被类型之间的最小持水量无显著差异（$P>0.05$）。

流动沙丘0~5cm、5~10cm和10~20cm深度的最大持水量显著高于20~50cm深度（$P<0.05$）；5~10cm深度的最小持水量显著高于10~20cm和20~50cm深度（$P<0.05$）；5~10cm和10~20cm深度的毛管持水量显著高于20~50cm深度（$P<0.05$）。沙蒿灌丛0~5cm深度的最大持水量和毛管持水量显著高于20~50cm深度（$P<0.05$），不同深度之间的最小持水量无显著差异（$P>0.05$）。柠条锦鸡儿林的最大持水量和最小持水量随土壤深度的增加显著降低（$P<0.05$），0~5cm深度的

毛管持水量显著高于 10~20cm 和 20~50cm 深度（$P<0.05$）。中间锦鸡儿林的最大持水量随土壤深度的增加显著降低（$P<0.05$），0~5cm 深度的毛管持水量显著高于 10~20cm 和 20~50cm 深度（$P<0.05$），不同深度之间的最小持水量无显著差异（$P>0.05$）。

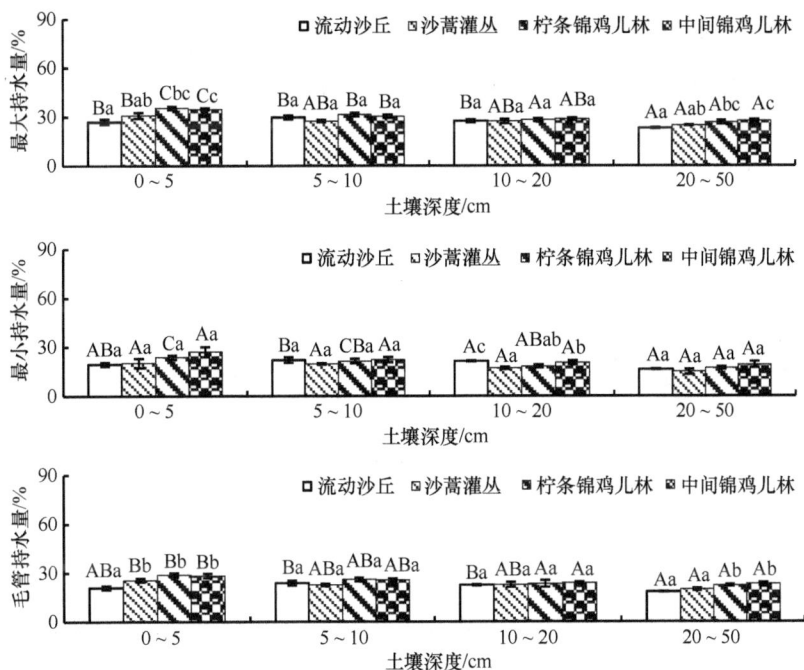

图 5.10　沙丘上不同植被类型和流动沙丘持水量随土壤深度的变化

5.5.2　沙丘上不同防护林类型土壤养分含量差异

在 0~5cm 深度，中间锦鸡儿林的土壤有机质含量显著高于柠条锦鸡儿林，柠条锦鸡儿林显著高于沙蒿灌丛，沙蒿灌丛极显著高于流动沙丘（$P<0.001$）；中间锦鸡儿林和柠条锦鸡儿林的全氮含量极显著高于沙蒿灌丛和流动沙丘（$P<0.001$）；中间锦鸡儿林的全磷含量显著高于柠条锦鸡儿林，柠条锦鸡儿林极显著高于流动沙丘（$P<0.001$）；中间锦鸡儿林的全钾含量显著高于柠条锦鸡儿林，柠条锦鸡儿林极显著高于沙蒿灌丛和流动沙丘（$P<0.001$）（图 5.11）。在 5~10cm 深度，中间锦鸡儿林的土壤有机质和全钾含量显著高于柠条锦鸡儿林，柠条锦鸡儿林又极显著高于流动沙丘（$P<0.001$）；中间锦鸡儿林的全氮和全磷含量显著高于柠条锦鸡儿林，柠条锦鸡儿林显著高于沙蒿灌丛，沙蒿灌丛极显著高于流动沙丘（$P<0.001$）。在 10~20cm 深度，中间锦鸡儿林的土壤有机质、全氮和全磷含量显著高于柠条锦鸡儿林，柠条锦鸡儿林极显著高于沙蒿灌丛和流动沙丘（$P<0.001$）。

在 20~50cm 深度,中间锦鸡儿林和柠条锦鸡儿林的土壤有机质含量极显著高于沙蒿灌丛和流动沙丘($P<0.001$);中间锦鸡儿林的全氮含量显著高于柠条锦鸡儿林,柠条锦鸡儿林显著高于沙蒿灌丛,沙蒿灌丛极显著高于流动沙丘($P<0.001$);中间锦鸡儿林、柠条锦鸡儿林和沙蒿灌丛的全磷含量显著高于流动沙丘($P<0.05$)。

流动沙丘不同深度之间的土壤有机质、全磷和全钾含量无显著差异($P>0.05$);表层的全氮含量较高($P<0.05$)。沙蒿灌丛的土壤有机质、全氮和全磷含量随土壤深度的增加显著降低($P<0.05$)。柠条锦鸡儿林表层的土壤有机质含量极显著高于深层土壤($P<0.001$),全氮和全磷含量随土壤深度的增加显著降低($P<0.05$)。中间锦鸡儿林的土壤有机质、全氮、全磷和全钾含量随着土壤深度的增加极显著降低($P<0.001$)。

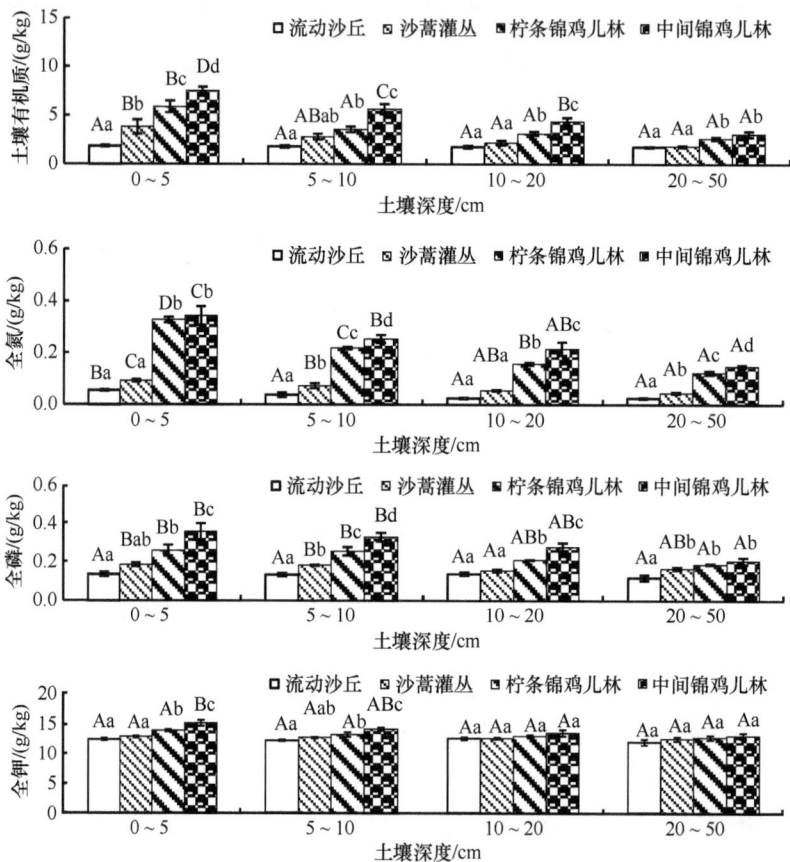

图 5.11 沙丘上不同植被类型和流动沙丘养分含量随土壤深度的变化

5.5.3 丘间地不同防护林类型土壤物理特性差异

在 0~5cm 深度,赖草草地、乌柳沙柳混交林和怪柳林的砂粒含量极显著低于乌柳林和乌柳小叶杨混交林（$P<0.001$），粉粒和黏粒含量极显著高于乌柳林和乌柳小叶杨混交林（$P<0.001$）（图 5.12）。在 5~10cm 深度，赖草草地和柽柳林的砂粒含量极显著低于乌柳小叶杨混交林（$P<0.001$），赖草草地、乌柳沙柳混交林和柽柳林的粉粒含量极显著高于乌柳小叶杨混交林（$P<0.001$）。在 10~20cm 深度，赖草草地的砂粒含量极显著低于其他植被类型（$P<0.001$），粉粒和黏粒含量极显著高于其他植被类型（$P<0.001$）。在 20~50cm 深度，乌柳沙柳混交林的粉粒含量显著高于赖草草地和乌柳林（$P<0.05$）。不同植被类型的砂粒含量都随着土壤深度的增加显著增加，粉粒和黏粒含量都随着土壤深度的增加显著降低（$P<0.05$）。

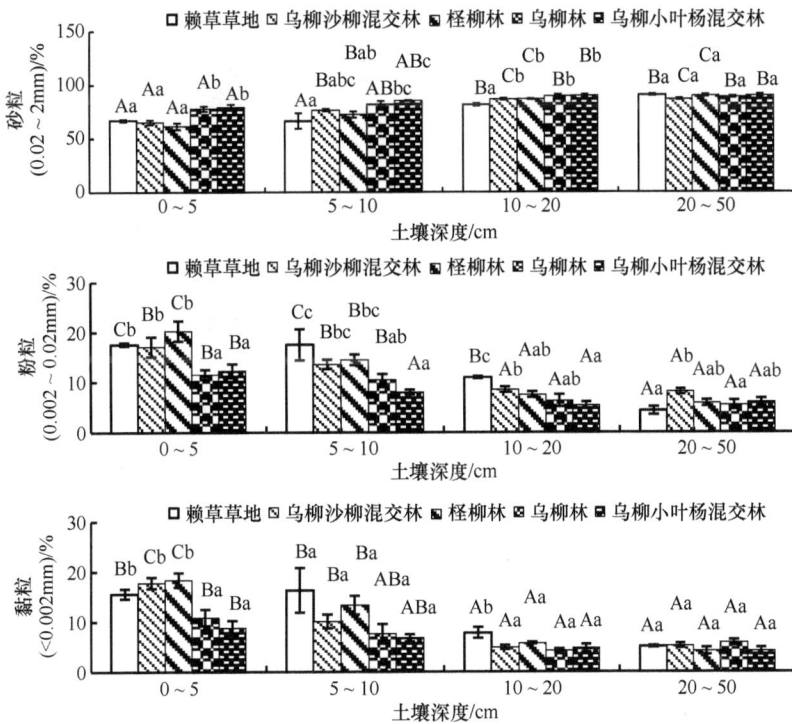

图 5.12　丘间地不同植被类型土壤机械组成随土壤深度的变化

在 0~5cm 深度，乌柳沙柳混交林的土壤容重显著低于其他植被类型（$P<0.05$）；赖草草地和乌柳沙柳混交林的总孔隙度显著高于乌柳林和乌柳小叶杨混交林（$P<0.05$）（图 5.13）。在 5~10cm 深度，赖草草地和乌柳沙柳混交林的土壤含水量显著高于乌柳林，乌柳林显著高于乌柳小叶杨混交林（$P<0.05$）；乌柳沙柳混交林的土壤容重显著低于赖草草地，赖草草地显著低于乌柳林，乌柳林显著低于乌柳小叶杨混交林（$P<0.05$）；乌柳小叶杨混交林的总孔隙度显著低于其他植被类型（$P<0.001$）。在 10~20cm 深度，赖草草地、乌柳沙柳混交林和柽柳林的

土壤含水量极显著高于乌柳小叶杨混交林（P<0.001）；乌柳沙柳混交林的土壤容重显著低于赖草草地，赖草草地显著低于柽柳林，柽柳林显著低于乌柳林，乌柳林显著低于乌柳小叶杨混交林（P<0.05）；赖草草地、乌柳沙柳混交林和柽柳林的总孔隙度显著高于其他植被类型（P<0.001）。在 20~50cm 深度，乌柳沙柳混交林的土壤容重显著低于赖草草地，赖草草地显著低于乌柳林和乌柳小叶杨混交林（P<0.05）。不同植被类型的土壤含水量和总孔隙度都随着土壤深度的增加显著降低（P<0.05），土壤容重随着土壤深度的增加而显著增加（P<0.05）。

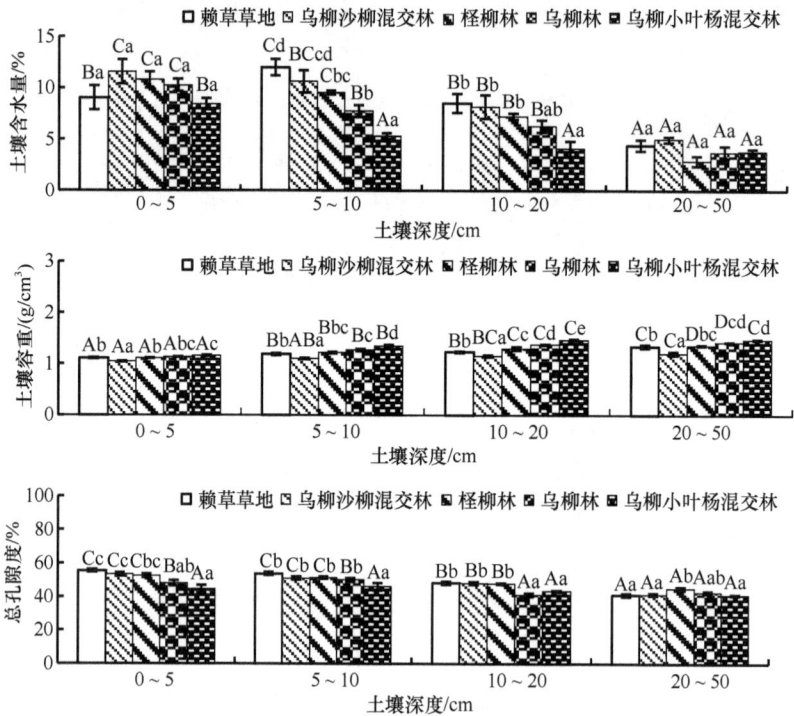

图 5.13　丘间地不同植被类型土壤含水量、容重、总孔隙度随土壤深度的变化

在 0~5cm 深度，赖草草地、乌柳沙柳混交林和柽柳林的最大持水量、最小持水量和毛管持水量都极显著高于乌柳林和乌柳小叶杨混交林（P<0.001）（图5.14）。在 5~10cm 深度，赖草草地和乌柳沙柳混交林的最大持水量、最小持水量和毛管持水量都显著高于柽柳林，乌柳林极显著高于乌柳小叶杨混交林（P<0.001）。在 10~20cm 深度，赖草草地和乌柳沙柳混交林的最大持水量、最小持水量和毛管持水量都显著高于柽柳林，柽柳林极显著高于乌柳林和乌柳小叶杨混交林（P<0.001），乌柳沙柳混交林的最大持水量极显著高于赖草草地（P<0.001）。在 20~50cm 深度，乌柳沙柳混交林和柽柳林的最大持水量、最小持水量和毛管持水量都显著高于赖草草地，赖草草地极显著高于乌柳小叶杨混交林（P<0.001）。

不同植被类型的最大持水量、最小持水量和毛管持水量都随着土壤深度的增加显著降低（$P<0.05$），0~5cm 和 5~10cm 深度的持水量最高。

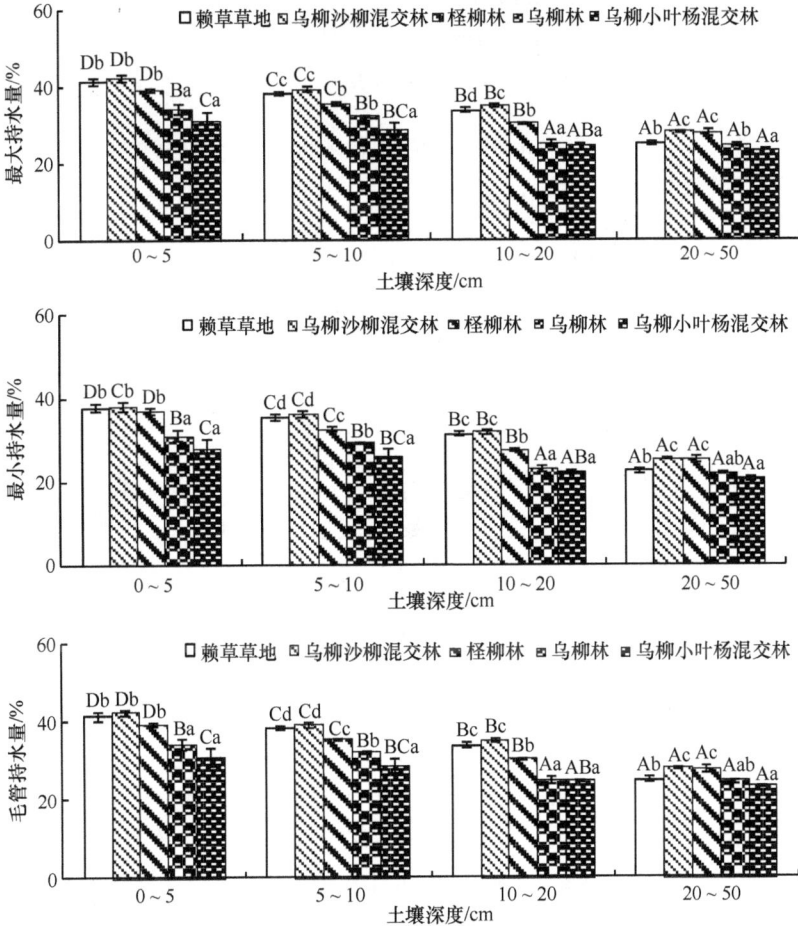

图 5.14　丘间地不同植被类型持水量随土壤深度的变化

5.5.4　丘间地不同防护林类型土壤养分含量差异

在 0~5cm 深度，赖草草地和乌柳沙柳混交林的有机质含量极显著高于柽柳林、乌柳林和乌柳小叶杨混交林（$P<0.001$）（图 5.15）；赖草草地、乌柳沙柳混交林和柽柳林的全氮含量极显著高于乌柳林和乌柳小叶杨混交林（$P<0.001$）；赖草草地和乌柳林的全钾含量极显著低于乌柳小叶杨混交林（$P<0.001$）。在 5~10cm 深度，赖草草地的有机质含量极显著高于其他植被类型（$P<0.001$）；乌柳沙柳混交林、柽柳林和乌柳小叶杨混交林的全钾含量极显著高于乌柳林（$P<0.001$）。在 10~20cm 深度，赖草草地的全氮和全磷含量极显著高于乌柳小叶杨混交林（$P<$

0.001)。在 20~50cm 深度，赖草草地和乌柳沙柳混交林的有机质含量极显著高于其他植被类型（$P<0.001$）；乌柳沙柳混交林的全氮含量极显著高于其他植被类型（$P<0.001$）。不同植被类型的有机质含量随着土壤深度的增加显著降低（$P<0.05$），0~5cm 深度的有机质含量最高；赖草草地、乌柳沙柳混交林和柽柳林 0~5cm 深度的全氮含量极显著高于其他深度（$P<0.001$）。

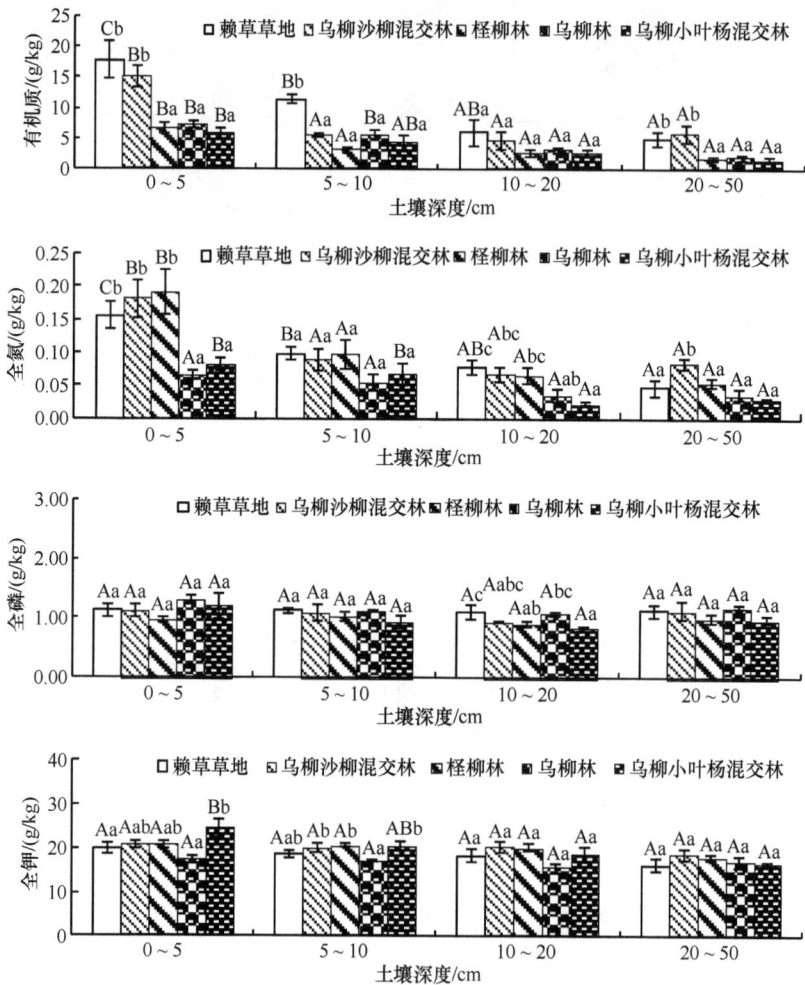

图 5.15 丘间地不同植被类型养分含量随土壤深度的变化

5.5.5 土壤质量综合评价

5.5.5.1 沙丘上不同植被类型土壤质量综合评价

沙丘上不同植被类型土壤指标见表 5.6。由表 5.6 可以看出，不同植被类型下的各项土壤指标的大小顺序并不相同，即不同植被类型对不同土壤指标的改善能力存在差异性，仅仅由不同植被类型的单项指标大小顺序并不能反映不同植被类型综合土壤肥力质量的差异性，因此本研究引入土壤质量指数（SQI）来对不同类型下土壤肥力质量进行综合评价。

该评价方法主要包括以下步骤：①通过主成分分析的方法选取每个主成分中贡献率较大的土壤指标，若该主成分中有多个贡献较大的指标，则通过相关分析法，选取相关性不强的指标；②按照公式（5.1）对选取指标做标准化处理；③按照公式（5.2）计算土壤质量指数（SQI）。

$$Y=a/(1+(x/x_0)^b) \qquad (5.1)$$

式中，Y 是标准化后的指标值，$a=1$，x 为通过主成分分析选取的指标值，x_0 为选取指标值的平均值，当 x 在主成分中的系数为正值时，b 取-2.5，当 x 在主成分中的系数为负值时，b 取 2.5。

$$SQI = \sum_{i=1}^{n} W_i Y_i \qquad (5.2)$$

式中，SQI 为土壤质量指数，Y_i 为标准化后的指标值，W_i 为权重，确定方法为 Y_i 所在主成分能够解释方差变异量的百分比。

不同植被类型土壤指标的主成分分析结果见表 5.7，第一主成分的特征根为 9.151，方差贡献率为 70.390%。第二主成分的特征根为 1.234，方差贡献率为 9.490%，前两个主成分的累计方差贡献率为 79.880%。因此可以认为前两个主成分能概括绝大部分信息，本研究选前两个主成分进行土壤肥力质量综合评价。在第一主成分中，砂粒含量、最大持水量、毛管持水量、土壤有机质含量、土壤全氮含量和土壤全磷含量均具有较高的系数，根据各项土壤指标之间相关分析结果（表 5.8），上述各项指标之间均具有较好的相关性，而在这些指标中，土壤全氮含量系数较高（0.955），因此将土壤全氮含量作为第一主成分中计算土壤质量指数的指标。在第二主成分中，土壤黏粒含量和土壤最小持水量具有较高的系数，分别为-0.692 和 0.538，而二者之间的相关性不显著，因此第二主成分中将土壤黏粒含量和土壤最小持水量作为计算土壤质量指数的指标。按照公式（5.1）和公式（5.2）计算不同植被类型土壤质量指数，结果为（表 5.9）：中间锦鸡儿（0.651）＞柠条锦鸡儿（0.602）＞沙蒿（0.169）＞流动沙丘（0.133）。说明在 4 种不同的植被类型中，中间锦鸡儿林的土壤肥力最高，其次为柠条锦鸡儿林，沙蒿土壤肥力较差，流动沙丘土壤肥力最差。说明在流动沙丘进行植被恢复后，具有明显的提高土壤肥力的效应。

5.5.5.2　丘间地不同植被类型土壤质量综合评价

丘间地不同植被类型土壤指标见表 5.10。由表 5.10 可以看出，不同植被类型下的各项土壤指标的大小顺序并不相同，即不同植被类型对不同土壤指标的改善

表 5.6　沙丘上不同植被类型土壤指标

土壤指标	流动沙丘	沙蒿	柠条锦鸡儿	中间锦鸡儿
砂粒含量/%	93.57	92.65	91.94	91.11
粉粒含量/%	4.68	4.91	5.64	6.19
黏粒含量/%	1.63	2.47	2.27	2.70
容重/（g/cm³）	0.92	0.90	0.89	0.87
总孔隙度/%	38.05	39.44	42.03	41.68
土壤含水量/%	4.17	2.51	4.40	4.30
最大持水量/%	24.96	26.07	28.15	28.70
最小持水量/%	17.29	16.20	18.27	20.45
毛管持水量/%	19.87	21.20	23.60	24.21
有机质含量/（g/kg）	1.77	2.19	3.17	4.04
全氮含量/（g/kg）	0.03	0.05	0.16	0.19
全磷含量/（g/kg）	0.13	0.17	0.21	0.25
全钾含量/（g/kg）	12.04	12.45	12.83	13.31

表 5.7　沙丘上不同植被类型土壤指标主成分分析结果

指标	第一主成分	第二主成分
特征根	9.151	1.234
方差贡献率	70.390%	9.490%
累计方差贡献率	70.390%	79.880%
砂粒含量	−0.913	0.238
粉粒含量	0.825	0.038
黏粒含量	0.585	−0.692
土壤含水量	−0.749	0.468
容重	0.811	0.335
总孔隙度	−0.918	0.001
最大持水量	0.921	0.134
最小持水量	0.602	0.538
毛管持水量	0.932	0.131
有机质含量	0.921	0.089
全氮含量	0.955	−0.028
全磷含量	0.904	−0.082
全钾含量	0.758	0.160

表 5.8　沙丘上土壤指标相关分析结果

土壤指标	砂粒含量	粉粒含量	黏粒含量	土壤含水量	容重	总孔隙度	最大持水量	最小持水量	毛管持水量	有机质含量	全氮含量	全磷含量
粉粒含量	-0.901**											
黏粒含量	-0.679**	0.330										
土壤含水量	0.793**	-0.669**	-0.677**									
容重	0.589*	0.525*	0.290	-0.440								
总孔隙度	0.819**	-0.723**	-0.480	0.620*	-0.728**							
最大持水量	-0.762**	0.691**	0.430	-0.712**	0.935**	-0.831**						
最小持水量	-0.470	0.523*	0.120	-0.250	0.535*	-0.460	0.558*					
毛管持水量	-0.852**	0.831**	0.470	-0.621*	0.826**	-0.834**	0.882**	0.607*				
有机质含量	-0.751**	0.641**	0.521*	-0.589**	0.760**	-0.883**	0.822**	0.634**	0.817**			
全氮含量	-0.833**	0.701**	0.582*	-0.656**	0.767**	-0.956**	0.858**	0.530*	0.851**	0.931**		
全磷含量	-0.768**	0.624**	0.594*	-0.624**	0.714**	-0.868**	0.786**	0.44	0.772**	0.932**	0.949**	
全钾含量	-0.692**	0.750**	0.300	-0.509*	0.584*	-0.624**	0.650**	0.480	0.690**	0.644**	0.649**	0.643**

*代表显著水平 $P<0.05$；**代表显著水平 $P<0.01$

表 5.9 沙丘上不同植被类型土壤质量指数

指标	参数	流动沙丘	沙蒿	柠条锦鸡儿	中间锦鸡儿	均值 x_0	b
全氮含量	x	0.03	0.05	0.16	0.19	0.108	−2.5
	Y	0.040	0.129	0.730	0.806	—	—
	W	0.70	0.70	0.70	0.70	—	—
黏粒含量	x	1.63	2.47	2.27	2.70	2.268	2.5
	Y	0.695	0.447	0.499	0.393	—	—
	W	0.09	0.09	0.09	0.09	—	—
最小持水量	x	17.29	16.20	18.27	20.45	18.053	−2.5
	Y	0.473	0.433	0.507	0.577	—	—
	W	0.09	0.09	0.09	0.09	—	—
土壤质量指数（SQI）		0.133	0.169	0.602	0.651		

表 5.10 丘间地不同植被类型土壤指标

土壤指标	赖草草地	乌柳沙柳混交林	柽柳林	乌柳林	乌柳小叶杨混交林
砂粒含量/%	76.16±1.64	78.60±0.85	77.51±1.15	84.36±0.73	85.89±0.73
粉粒含量/%	12.62±0.84	11.85±0.68	12.06±0.53	8.46±0.55	7.95±0.40
黏粒含量/%	11.23±1.00	9.55±0.58	10.44±0.64	7.19±0.23	6.17±0.53
容重/（g/cm³）	1.22±0.01	1.12±0.01	1.24±0.01	1.30±0.01	1.36±0.01
总孔隙度/%	49.65±0.32	48.52±0.39	49.21±0.17	45.55±0.93	43.82±0.99
土壤含水量/%	8.49±0.60	8.84±0.50	7.62±0.32	7.02±0.38	5.43±0.30
最大持水量/%	41.34±0.11	43.51±0.17	40.00±0.32	35.53±0.53	32.63±1.00
最小持水量/%	31.63±0.22	32.81±0.36	30.45±0.20	26.21±0.51	24.13±0.94
毛管持水量/%	34.48±0.12	36.01±0.23	32.97±0.25	28.75±0.47	26.65±0.99
有机质含量/（g/kg）	10.03±1.41	7.84±0.76	3.56±0.47	4.47±0.29	3.60±0.66
全氮含量/（g/kg）	0.10±0.01	0.11±0.01	0.10±0.01	0.05±0.01	0.05±0.01
全磷含量/（g/kg）	1.13±0.08	1.07±0.04	0.98±0.04	1.18±0.01	1.00±0.05
全钾含量/（g/kg）	18.28±1.04	20.00±0.45	19.90±0.30	16.83±0.69	20.07±0.88

能力存在差异性，仅仅由不同植被类型的单项指标大小顺序并不能反映不同植被类型综合土壤肥力质量的差异性，因此本研究引入土壤质量指数（SQI）来对不同类型下土壤肥力质量进行综合评价。不同植被类型土壤指标的主成分分析结果见表 5.11，第一主成分的特征根为 9.86，方差贡献率为 75.85%。第二主成分的特征根为 2.181，方差贡献率为 16.78%，前两个主成分的累计方差贡献率为 92.63%。因此可以认为前两个主成分能概括绝大部分信息，本研究选前两个主成分进行土壤肥力质量综合评价。在第一主成分中，砂粒含量、粉粒含量、土壤含水量、最大持水量、土壤有机质含量、土壤全氮含量、土壤全磷含量和土壤全钾含量均具有较高的系数，根据各项土壤指标之间相关分析结果（表 5.12），砂粒含量、粉粒

含量、土壤含水量、最大持水量、全氮含量之间具有较好的相关性，因此在这些指标中选取系数最高的土壤全氮含量作为第一主成分中计算土壤质量指数的指标。土壤全钾含量和土壤全磷含量与其他指标之间相关性不显著，而二者之间具有较好的相关性，因此选取系数较高的土壤全磷含量也作为第一主成分中计算土壤质量指数的指标。土壤有机质含量也具有较高的系数，而它与其他指标之间相关性均不显著，因此也作为第一主成分中计算土壤质量指数的指标。在第二主成分中，土壤最小持水量和毛管持水量具有较高的系数，而且二者之间具有显著的相关性，因此选取系数较高的最小持水量作为计算土壤质量指数的指标。综上，选取土壤全氮含量、土壤全磷含量、土壤有机质含量和土壤最小持水量作为计算土壤质量指数的指标，按照公式（5.1）和公式（5.2）计算不同植被类型土壤质量指数结果为（表 5.13）：赖草草地（1.55）＞乌柳沙柳混交林（1.50）＞柽柳林（1.09）＞乌柳林（0.93）＞乌柳小叶杨混交林（0.76）。说明在 5 种不同的植被类型中，赖草草地和乌柳沙柳混交林具有较高的土壤肥力，其次为柽柳林和乌柳林，而乌柳小叶杨混交林土壤肥力质量相对较低。

表 5.11 丘间地不同植被类型土壤指标主成分分析结果

指标	第一主成分	第二主成分
特征根	9.86	2.181
方差贡献率	75.85%	16.78%
累计方差贡献率	75.85%	92.63%
砂粒含量	−0.96	−0.071
粉粒含量	0.973	−0.121
黏粒含量	0.939	−0.019
土壤含水量	0.956	0.239
容重	−0.909	−0.009
总孔隙度	0.727	0.418
最大持水量	0.969	−0.245
最小持水量	0.097	0.991
毛管持水量	0.166	0.942
有机质含量	0.985	0.005
全氮含量	0.995	−0.02
全磷含量	0.991	−0.012
全钾含量	0.962	−0.012

表 5.12 丘间地土壤指标相关分析结果

土壤指标	砂粒含量	粉粒含量	黏粒含量	土壤含水量	容重	总孔隙度	最大持水量	最小持水量	毛管持水量	有机质含量	全氮含量	全磷含量
粉粒含量	-0.996**											
黏粒含量	-0.996**	0.983**										
土壤含水量	-0.862*	0.871*	0.844*									
容重	0.763	-0.802	-0.715	-0.938**								
总孔隙度	-0.902*	0.925*	0.871*	0.972**	-0.967**							
最大持水量	-0.932*	0.952**	0.904*	0.963**	-0.945**	0.997**						
最小持水量	-0.916*	0.939**	0.885**	0.965**	-0.957**	0.998**	0.999**					
毛管持水量	-0.992**	0.985**	0.990**	0.890*	-0.783	0.915*	0.939**	0.922*				
有机质含量	-0.646	0.647	0.639	0.756	-0.648	0.694	0.699	0.716	0.613			
全氮含量	-0.940**	0.966**	0.904*	0.873*	-0.892*	0.958**	0.972**	0.967**	0.928*	0.602		
全磷含量	0.001	-0.044	0.041	0.344	-0.134	0.116	0.085	0.096	0.06	0.481	-0.146	
全钾含量	-0.168	0.235	0.097	-0.053	-0.212	0.18	0.195	0.201	0.096	-0.148	0.397	-0.902*

*代表显著水平 P<0.05；**代表显著水平 P<0.01

表 5.13　丘间地不同植被类型土壤质量指数

指标	参数	赖草草地	乌柳沙柳混交林	柽柳林	乌柳林	乌柳小叶杨混交林	均值 x_0	b
有机质含量	x	10.03	7.84	3.56	4.47	3.60	5.90	−2.5
	Y	0.79	0.67	0.22	0.33	0.23	—	—
	W	0.76	0.76	0.76	0.76	0.76	—	—
全氮含量	x	0.10	0.11	0.10	0.05	0.05	0.08	−2.5
	Y	0.61	0.68	0.65	0.24	0.24	—	—
	W	0.76	0.76	0.76	0.76	0.76	—	—
全磷含量	x	1.13	1.07	0.98	1.18	1.00	1.07	−2.5
	Y	0.53	0.50	0.45	0.56	0.45	—	—
	W	0.76	0.76	0.76	0.76	0.76	—	—
最小持水量	x	31.63	32.81	30.45	26.21	24.13	29.05	−2.5
	Y	0.55	0.58	0.53	0.44	0.39	—	—
	W	0.17	0.17	0.17	0.17	0.17	—	—
土壤质量指数（SQI）		1.55	1.50	1.09	0.93	0.76	—	—

5.5.6　小结

在共和盆地沙漠化土地进行植被恢复后，不同植被恢复类型的土壤肥力质量垂直变化均表现出"表聚性"，即表层土壤质地疏松，土壤总孔隙度较高，容重较低，持水能力较强，土壤养分条件较好。不同植被恢复类型土壤特性存在显著差异，综合评价结果表明，在沙丘上，中间锦鸡儿林（0.651）土壤肥力质量最好，其次是柠条锦鸡儿林（0.602）；在丘间地，赖草草地（1.55）和乌柳沙柳混交林（1.50）土壤肥力质量较好，其次是柽柳林（1.09）和乌柳林（0.93），乌柳小叶杨混交林（0.76）的土壤肥力质量最差。本研究通过计算土壤质量指数对不同植被恢复类型土壤肥力进行综合评价，取得较好效果，并对不同植被恢复类型土壤肥力质量进行排序，为科学评价植被恢复后土壤肥力质量提供理论参考。本研究根据相关研究结果对不同植被恢复方式土壤肥力质量差异的产生原因进行推测和解释，而相对缺乏研究地实测资料的佐证，因此对于不同植被恢复类型土壤肥力质量产生差异的机制仍需要后续深入研究，以期为高寒沙地沙化土地植被恢复提供理论依据。

5.6　防护林生态系统服务功能综合评价

沙漠化土地进行植被恢复后，对其生态服务功能进行评价有利于区域优良植被类型的选择，对减少沙漠化的危害具有十分重要的意义。本节对不同防护林的生态服务功能进行评价，从而筛选出适宜高寒沙地种植的优势防护林。目前针对生态服务功能综合评价的方法主要有定量和定性的方法。定量方法对于解决多目标的问题需要大量数据作支撑，实现过程复杂。定性的方法完全依靠主观评分，不能系统合理地对生态服务功能进行综合评价。层次分析法（analytic hierarchy process，AHP）是将与决策总是有关的元素分解成目标、准则、方案等层次，在此基础之上进行定性和定量分析的决策方法。该方法是美国运筹学家，匹兹堡大学教授萨蒂于 20 世纪 70 年代初提出的一种层次权重决策分析方法（Saaty，1980）。在决策者做出最后的决定以前，必须考虑很多方面的因素或者判断准则，最终通过这些准则做出选择，因此该方法已经被广泛应用于对某一指标综合评价的研究（Ramanathan，2001；张彩霞等，2010；Bottero et al.，2011；Ismail et al.，2012；Wang et al.，2012；刘鸿源等，2013）。

5.6.1 评价方法

采用层次分析法对高寒沙地防护林生态服务功能进行综合评价，分别针对流动沙丘和丘间地的防护林类型进行筛选。对于层次分析法，Saaty（2000）给出 9 个重要性等级及其赋值，将判断语言转化为数值，具体比例标度如表 5.14 所示。利用给出的 9 个重要性等级结合文献及专家打分结果，构建判断矩阵并求出矩阵的最大特征值 $\lambda_{\max}$，代入公式（5.3），如果 $CI \leqslant 0.10$，认为判断矩阵具有一致性，证明我们赋值的合理性（Saaty，1980；Ramanathan，2001）。

$$CI = \frac{\lambda_{\max} - n}{n - 1} \qquad (5.3)$$

式中，n 为指标个数。当 $CI = 0$，有完全的一致性；CI 接近于 0，有令人满意的一致性；CI 越大，不一致越严重。为了衡量 CI 的大小，引入随机一致性指标 RI（表 5.15）。定义一致性比率（CR）：

$$CR = \frac{CI}{RI} \qquad (5.4)$$

一般地，当 $CR = \dfrac{CI}{RI} < 0.1$ 时，认为判断矩阵的不一致程度在容许范围之内，有令人满意的一致性，通过一致性检验。如果没有通过一致性检验，则需要重新构建判断矩阵。

5.6.2 建立层次结构模型

利用层次分析法对高寒沙地防护林生态服务功能进行综合评价，分别设置目标层 A、准则层 B 和方案层 C，其中目标层 A 为高寒沙地防护林生态服务功能；准则层 B 为高寒沙地防护林生态服务功能评价指标，包括改善小气候、防风固沙、固碳释氧、改良土壤 4 项指标；方案层 C 为研究区流动沙丘和丘间地上的各种防护林类型。流动沙丘和丘间地上防护林类型筛选层次结构模型如图 5.16 和图 5.17 所示。

表 5.14　比例标度

标度	含义
1	两个指标对某个属性具有同样重要性
3	两个指标中一个比另一个稍微重要
5	两个指标中一个比另一个比较重要
7	两个指标中一个比另一个显得十分重要
9	两个指标中一个比另一个显得绝对重要
2，4，6，8	表示上述两个标度之间的折中选择
倒数	若因素 ai 与因素 aj 的重要性之比为 aij，那么因素 aj 与因素 ai 重要性之比为 $aji=1/aij$

表 5.15　随机一致性指标 *RI*

n	1	2	3	4	5	6	7	8	9	10	11
RI	0	0	0.58	0.90	1.12	1.24	1.32	1.41	1.45	1.49	1.51

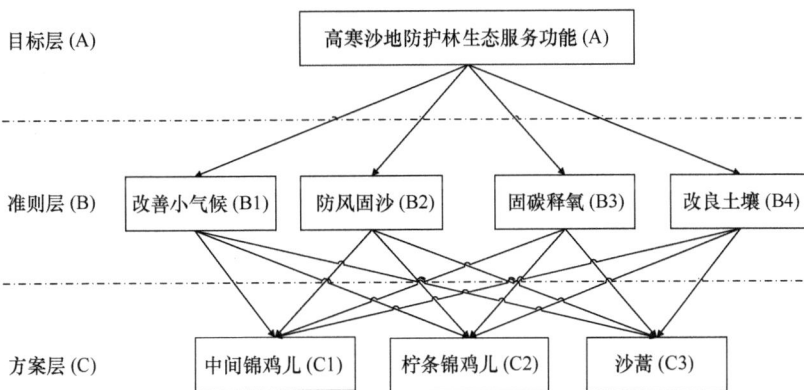

图 5.16　流动沙丘上防护林类型筛选层次结构模型图

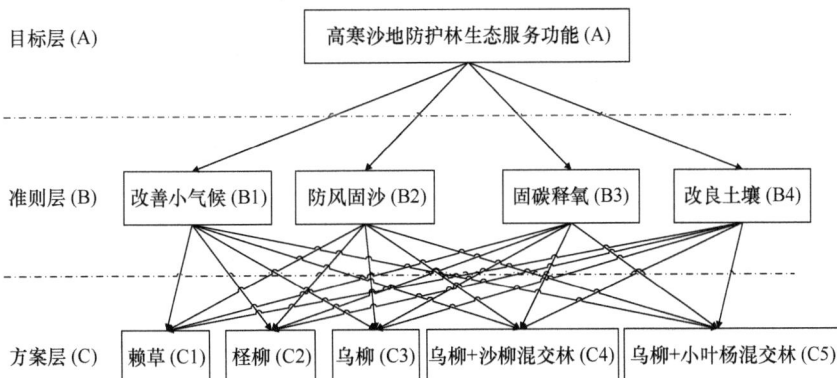

图 5.17　丘间地上防护林类型筛选层次结构模型图

5.6.3　计算综合权重

评价高寒沙地防护林生态服务功能的时候，土壤各指标效益占较大份额，其次再考虑小气候各指标效益（刘军利等，2013；Feng et al.，2014）。试验结果表明，流动沙丘上中间锦鸡儿和柠条锦鸡儿改善小气候、防风固沙、固碳释氧、改良土壤的能力均优于沙蒿。丘间地上两种混交林乌柳+小叶杨和乌柳+沙柳的改善小气候和固碳释氧的功能比较好，乌柳的防风固沙能力比较好，乌柳+沙柳和赖草的改善土壤的能力比较好。流动沙丘上不同防护林类型生态服务功能综合权重如表 5.16 所示。结果表明，中间锦鸡儿和柠条锦鸡儿的生态服务功能明显优于沙蒿，所以在流动沙丘上，选择中间锦鸡儿和柠条锦鸡儿作为高寒沙地主导生态服务功能优化的防护林类型。丘间地上不同防护林类型生态服务功能综合权重如表 5.17 所示。结果表明，乌柳+沙柳混交林和乌柳林的生态服务功能明显好于其他防护林类型，所以在丘间地上，选择乌柳+沙柳混交林和乌柳作为高寒沙地主导生态服务功能优化的防护林类型。

表 5.16　流动沙丘上不同防护林类型生态服务功能综合权重

B 指标		C 指标		
名称	相对权重	名称	相对权重	综合权重
B1（改善小气候）	0.0969	C1（中间锦鸡儿）	0.4286	0.0415
		C2（柠条锦鸡儿）	0.4286	0.0415
		C3（沙蒿）	0.1428	0.0138
B2（防风固沙）	0.2027	C1（中间锦鸡儿）	0.4286	0.0869
		C2（柠条锦鸡儿）	0.4286	0.0869
		C3（沙蒿）	0.1428	0.0289
B3（固碳释氧）	0.2922	C1（中间锦鸡儿）	0.4286	0.1252
		C2（柠条锦鸡儿）	0.4286	0.1252
		C3（沙蒿）	0.1428	0.0417
B4（改良土壤）	0.4081	C1（中间锦鸡儿）	0.4286	0.1749
		C2（柠条锦鸡儿）	0.4286	0.1749
		C3（沙蒿）	0.1428	0.0583

5.6.4　小结

利用层次分析法能够合理地对高寒沙地防护林生态服务功能进行综合评价，从而筛选出适合高寒沙地种植的防护林类型，结果如下。

（1）流动沙丘上中间锦鸡儿和柠条锦鸡儿改善小气候、防风固沙、固碳释氧、改良土壤的能力均优于沙蒿。在流动沙丘上，中间锦鸡儿、柠条锦鸡儿和沙蒿的生态服务功能权重分别为 0.4286、0.4286 和 0.1428，中间锦鸡儿和柠条锦鸡儿的

表 5.17　丘间地上不同防护林类型的生态服务功能综合权重

B 指标		C 指标		
名称	相对权重	名称	相对权重	综合权重
B1（改善小气候）	0.0969	C1（赖草）	0.0348	0.0034
		C2（柽柳）	0.0678	0.0066
		C3（乌柳）	0.1344	0.0130
		C4（乌柳+沙柳）	0.2602	0.0252
		C5（乌柳+小叶杨）	0.5028	0.0487
B2（防风固沙）	0.2027	C1（赖草）	0.1250	0.0253
		C2（柽柳）	0.1250	0.0253
		C3（乌柳）	0.5000	0.1014
		C4（乌柳+沙柳）	0.1250	0.0253
		C5（乌柳+小叶杨）	0.1250	0.0253
B3（固碳释氧）	0.2922	C1（赖草）	0.0348	0.0102
		C2（柽柳）	0.0678	0.0198
		C3（乌柳）	0.1344	0.0393
		C4（乌柳+沙柳）	0.5028	0.1469
		C5（乌柳+小叶杨）	0.2602	0.0760
B4（改良土壤）	0.4081	C1（赖草）	0.2602	0.1062
		C2（柽柳）	0.1344	0.0548
		C3（乌柳）	0.0678	0.0277
		C4（乌柳+沙柳）	0.5028	0.2052
		C5（乌柳+小叶杨）	0.0348	0.0142

生态服务功能明显大于沙蒿，所以在流动沙丘上，选择中间锦鸡儿和柠条锦鸡儿作为高寒沙地主导生态服务功能优化的防护林类型。

（2）丘间地上两种混交林乌柳+小叶杨和乌柳+沙柳的改善小气候和固碳释氧的功能比较好，乌柳的防风固沙能力比较好，乌柳+沙柳和赖草的改善土壤的能力比较好。在丘间地上乌柳+沙柳混交林、乌柳、乌柳+小叶杨混交林、赖草、柽柳的生态服务功能权重分别为 0.4027、0.1813、0.1643、0.1451 和 0.1066，乌柳+沙柳混交林的生态服务功能明显好于其他防护林类型，所以在丘间地上，选择乌柳+沙柳混交林和乌柳作为高寒沙地主导生态服务功能优化的防护林类型。

高寒沙地优良防护林筛选对于该地区的防沙治沙具有十分重要的意义。单纯依赖改善小气候、防风固沙、固碳释氧和改良土壤中的某一指标来筛选适合高寒沙地种植的优良防护林不具备合理性，综合的生态服务功能评价指标才能使高寒沙地的防护林筛选更具有合理性。总之，通过对试验数据的分析可知，在青海共和盆地流动沙丘上栽植中间锦鸡儿和柠条锦鸡儿，在丘间地上栽植乌柳+沙柳混交林和乌柳林可以更好地实现其生态服务功能价值。它们可以作为针对高寒沙地治理的优化防护林类型进行推广。

5.7 结 论

沙丘生境中，与流动沙丘相比，栽植柠条和沙蒿能够改善小气候，且柠条改善小气候的效应优于沙蒿；柠条和沙蒿能起到显著降低风速的作用，沙尘通量远低于流动沙丘，且柠条林的固沙作用优于沙蒿灌丛；柠条锦鸡儿对草本群落的盖度、物种丰富度、群落密度、地下生物量和总生物量的影响最大；中间锦鸡儿和柠条锦鸡儿的固碳功能都优于沙蒿；中间锦鸡儿林土壤肥力质量最好，其次是柠条锦鸡儿林。

丘间地生境中，与天然赖草草地相比，各种类型的防护林均能够改善小气候，两种混交林（小叶杨+乌柳，乌柳+沙柳）的改善小气候效应较好；各种类型的防护林的防风效果要显著优于天然赖草草地，且几种防护林的防风固沙效果都很好；乌柳纯林对草本群落的盖度、丰富度和群落密度影响最大，沙柳对草本层群落地上、地下生物量影响较大；沙柳固碳功能最好；赖草草地和乌柳沙柳混交林土壤肥力质量较好。

防护林筛选对于高寒沙区的防沙治沙具有十分重要的意义，但单纯依赖改善小气候、防风固沙、固碳释氧和改良土壤中的某一指标来筛选适合高寒沙区种植的优良防护林并不合理。综合的生态服务功能评价指标才能使防护林筛选更具有合理性。因此利用层次分析法对各防护林生态服务功能进行综合评价，结果表明：流动沙丘上中间锦鸡儿和柠条锦鸡儿改善小气候、防风固沙、固碳释氧、改良土壤的能力均优于沙蒿，生态服务功能明显大于沙蒿，所以在流动沙丘上选择中间锦鸡儿和柠条锦鸡儿作为高寒沙区主导生态服务功能优化的防护林类型。丘间地上乌柳+沙柳混交林和乌柳林的生态服务功能明显好于其他防护林类型，所以在丘间地上选择乌柳+沙柳混交林和乌柳林作为高寒沙地主导生态服务功能优化的防护林类型。

主要参考文献

曹新孙. 1983. 农田防护林. 北京: 中国林业出版社.

董旭. 2011. 青海黄土丘陵区不同退耕还林模式生态效应. 林业资源管理, 4: 71-75.

贺山峰, 蒋德明, 阿拉木萨, 等. 2007. 科尔沁沙地小叶锦鸡儿灌木林固沙效应的研究. 水土保持学报, 21(2): 84-87.

黄富祥, 高琼. 2001. 毛乌素沙地不同防风材料降低风速效应比较. 水土保持学报, 15(1): 27-31.

姜艳, 徐丽萍, 杨改河, 等. 2007. 不同退耕模式林草初夏小气候效应. 干旱地区农业研究, 25(2): 162-166, 174.

刘鸿源, 魏强, 凌雷. 2013. 甘肃兴隆山森林生态效益评价指标体系与方法. 中国水土保持, (11): 52-54.

刘军利, 秦富仓, 岳永杰, 等. 2013. 内蒙古伊金霍洛旗风沙区退耕还林还草生态效益评价. 水土保持研究, 20(5): 104-107.

司建华, 冯起, 张小由, 等. 2005. 荒漠河岸林胡杨和柽柳群落小气候特征研究. 中国沙漠, 25(5): 668-674.

王平平, 杨改河, 梁爱华, 等. 2010. 安塞县几种典型退耕模式小气候效应研究. 西北农业学报, 19(10): 107-115.

吴正. 1987. 风沙地貌学. 北京: 科学出版社.

徐丽萍, 杨改河, 冯永忠, 等. 2010. 黄土高原人工植被对局地小气候影响的效应研究. 水土保持研究, 17(4): 170-179.

徐满厚, 刘彤, 赵新俊, 等. 2012. 绿洲-荒漠交错带防护林与自然植被的协同防风效能及优化模式探讨. 中国沙漠, 32(5): 1224-1232.

于洋, 贾志清, 朱雅娟, 等. 2014. 高寒沙地乌柳(*Salix cheilophila*)林根系分布特征. 中国沙漠, 34(1): 67-74.

袁素芬, 陈亚宁, 李卫红. 2007. 干旱区新垦绿洲防护林体系的防护效益分析——以克拉玛依农业综合开发区为例. 中国沙漠, 27(4): 600-607.

张彩霞, 王训明, 满多清, 等. 2010. 层次分析法在民勤绿洲农田防护林生态效益评价中的应用. 中国沙漠, 30(3): 602-607.

张登山, 高尚玉. 2007. 青海高原沙漠化研究进展. 中国沙漠, 27(3): 367-372.

张登山, 高尚玉, 石蒙沂, 等. 2009. 青海高原土地沙漠化及其防治. 北京: 科学出版社.

张红利, 张秋良, 马利强. 2009. 乌兰布和沙地东北缘不同配置的农田防护林小气候效应的对比研究. 干旱区资源与环境, 23(11): 191-194.

赵晓彬, 党兵, 符亚儒, 等. 2010. 半干旱区沙地高速公路防风固沙林营造技术及其效应研究. 中国沙漠, 30(6): 1247-1255.

赵振勇, 王让会, 张慧芝, 等. 2006. 塔里木河下游荒漠生态系统退化机制分析. 中国沙漠, 26(2): 220-225.

周广胜, 朱廷曜. 1994. 林带阻力系数与透风系数关系的理论分析. 应用生态学报, 5(1): 43-45.

朱雅娟, 李虹, 赵淑玲, 等. 2014. 共和盆地不同类型防护林的改善小气候效应. 中国沙漠, 3(3): 841-848.

Allington G R H, Valone T J. 2010. Reversal of desertification: The role of physical and chemical soil properties. Journal of Arid Environments, 74(8): 973-977.

Bottero M, Comino E, Riggio V. 2011. Application of the analytic hierarchy process and the analytic network process for the assessment of different wastewater treatment systems. Environmental Modelling & Software, 26(10): 1211-1224.

Feng H, Lim C W, Chen L, et al. 2014. Sustainable Deforestation Evaluation Model and System Dynamics. Scientific World Journal, 2014: 106209.

Ismail W K W, Abdullah L, Zhang J, et al. 2012. A new Environmental Performance Index using analytic hierarchy process: A case of ASEAN countries. Environmental Skeptics and Critics, 1(3): 39-47.

Jia Z Q, Zhu Y J, Liu L Y. 2012. Different water use strategies of juvenile and adult *Caragana intermedia* plantations in the Gonghe Basin, Tibet Plateau. PLOS ONE, 7(9): e45902.

Kemp P R, Reynolds J F, Virginia R A, et al. 2003. Decomposition of leaf and root litter of Chihuahuan Desert shrubs: effects of three years of summer drought. Journal of Arid Environments, 53(1): 21-39.

Ramanathan R. 2001. A note on the use of the analytic hierarchy process for environmental impact assessment. Journal of Environmental Management, 63(1): 27-35.

Saaty T L. 1980. The analytic hierarchy process: planning, priority setting, resources allocation. New York: McGraw.

Saaty T L. 2000. Fundamentals of decision making and priority theory with the analytic hierarchy process. New York: RWS Publications.

Tian Y, Jia Z, Yang X. 2014. Improving shrub biomass estimations in the Qinghai-Tibet Plateau: Age-based *Caragana intermedia* allometric models. Forestry Chronicle, 90(2): 154-160.

Wang H, Bai H, Liu J, et al. 2012. Measurement indicators and an evaluation approach for assessing Strategic Environmental Assessment effectiveness. Ecological Indicators, 23: 413-420.

第6章　基于 GIS 的青海省共和
盆地生态服务功能评估

生态系统服务价值评估是自然资源和环境价值核算及生态环境恢复费用核算的重要组成部分。荒漠生态系统自身较低的生产力和较为单一的自然环境条件，使得人们对荒漠生态系统服务功能的认识不够深入，因而对荒漠生态系统服务功能价值量的研究工作相对滞后。研究荒漠生态系统服务功能的价值量评估，有利于我国生态脆弱区生态补偿机制的建立，对荒漠生态系统的保护和合理开发起到重要的指导作用。

20 世纪 40 年代生态系统概念与理论被提出后，人们开展了大量生态系统结构与功能的研究，为人们研究生态系统服务功能提供了科学基础。20 世纪 70 年代以来，生态系统服务功能开始成为一个科学术语及生态学与生态经济学研究的分支。1970 年，关键环境问题研究（Study of Critical Environment Problems，SCEP）首次使用"service"一词，并列出了自然生态系统对人类的"环境服务功能"。1991年国际科学联合会环境问题科学委员会（SCOPE）生物多样性间接价值定量研究会议的召开，促进了生物多样性与生态系统服务功能关系的研究及生态系统服务功能经济价值评估方法的发展，也使生态系统服务逐渐成为生态学研究的新热点。进入 21 世纪后，国外学者在全球和区域尺度、流域尺度、单个生态系统尺度、单项服务价值方面开展了大量的研究工作。Loomis 等（2000）对受损河流生态系统服务功能恢复的总经济价值进行了估算；Sutton 和 Costanza（2002）对全球生态系统的市场价值和非市场价值及其与世界各国 GDP 的关系进行了分析；Lal（2003）研究了太平洋沿岸红树林价值及其对环境决策制定的意义；Pattanayak（2004）开展了印度尼西亚 Manggarai 流域减轻旱灾的价值研究；Hein 等（2006）开展了生态系统服务价值与尺度和利益相关者之间的研究；Adrienne 和 Susanne（2007）将瑞士阿尔卑斯山的东部生态系统服务价值整合成投入产出表，从而将区域经济和自然服务融为一体。1999 年以来，国内许多学者也对生态系统服务功能进行了理论研究，赵景柱等（2000）、李文华（2002）、于书霞等（2004）、刘玉龙等（2005）、杨光梅等（2006）、宗文君等（2006）及赵军和杨凯（2007）等诸多学者详细介绍了生态系统服务功能的定义、内涵和价值评估方法，系统地分析了生态系统服务功能的研究进展和发展趋势，探讨了生态系统服务功能与可持续发展的关系。随着 3S 技术被广泛利用，Konarska 等（2002）开始利用 3S 手段对生态系统服务功能进行比较研究；Metzger 等（2006）研究发现在不同土地利用条件下生态系统服务功能具有脆弱性。Dagmar 等（2005）通过建立气候和土地利用变化的模型，评价了全球变化对欧洲生态系统服务功能的影响。邹亚荣等（2002）以 Landsat TM 为数据源，监测我国草地资源近 5 年来的变化，得出我国草地总面积增加约 13.2 万 hm², 但西部地区的草地面积减少明显；李京等（2003）建立了生态资产定量遥感评估的模型，并利用所建立的遥感评估模型对典型研究区的生态资产现状进行了评估和比较；潘耀忠等（2004）利用遥感技术，对中国陆地生态系统生态服务价值进行了定量研究；张淑英等（2004）提出了基于遥感定量测量的生态资产价值评估模型，并利用 MODIS 卫星数据和其他辅助数据，对内蒙古自治区进行了陆地生态资产的定量测量；黄敬峰等利用 1992~1994 年的产草量资料和对应时相的 NOAA/AVHRR 资料建立草地生产力光谱监测模型和卫星遥感监测模型，结果表明，利用卫星资料可以准确监测草地生产力；周可法等（2006）在 3S 技术的支持下，建立了基于遥感与 GIS 的干旱区生态资产价值评估模型，并结合野外测验数据，对新疆玛纳斯河流域的生态资产进行了定量计算，为全面开展生态资产测量进行了初步的探索研究。可见，遥感与 GIS 技术已从生物量估算、植被类型面积及时空数据的获得等方面被广泛应用到了陆地生态系统服务功能价值评估中，其手段的优越性在草地生态系统服务功能价值的评估中表现得尤为突出。

6.1　共和盆地生态服务功能评估研究

6.1.1　评估指标的确定

选择评价指标和标准时，既要体现生态系统自身的结构和发展规律，又要体现其对生态、经济、社会环境的保护、增益和调节功能。同时，还要考虑评价指标的社会服务功能。本研究拟利用 GIS 技术，采用 4 个生态系统服务功能评价指标（固碳释氧、防风固沙、涵养水源和营养物质循环）对青海省共和盆地的生态服务功能进行评估。

6.1.2　数据来源及预处理

MOD17A3 影像数据来源于数字地球动态模拟研究组（Numerical Terradynamic Simulaiton Group, http://www.Ntsg.umt.edu/），空间分辨率为 1km×1km。利用 MODIS Reprojection Tool（MRT）对 MOD17A3 进行数据预处理，从而获得共和盆地 2000~2012 年的植被净初级生产力（NPP）的分布。

NDVI 数据来源于寒区旱区科学数据中心提供的中国地区长时间序列 SPOT_Vegetation 植被指数数据，分辨率为 1km。

全国 1∶100 万土壤类型分布图来源于中国资源与环境数据中心，分辨率为 1km。利用青海省共和盆地边界矢量图切割出该区域的植被类型分布图，并把研究区内土壤类型划分为棕钙土、栗钙土、沼泽土、风沙土、高山草甸土、亚高山草甸土、高山草原土、亚高山草原土等类型，见附图 6.1。

青海省共和盆地 4 个气象台站的 4~11 月的平均降水量数据来源于国家水文水资源数据共享平台。气象数据主要用于涵养水源生态服务功能价值量的计算。

本研究数据均集成到同一坐标系统下，投影方式为 WGS_1984_UTM_Zone_47N，数据空间分辨率均重采样为 30m。

6.1.3　评估方法

青海省共和盆地生态服务功能评价技术路线如图 6.2 所示。

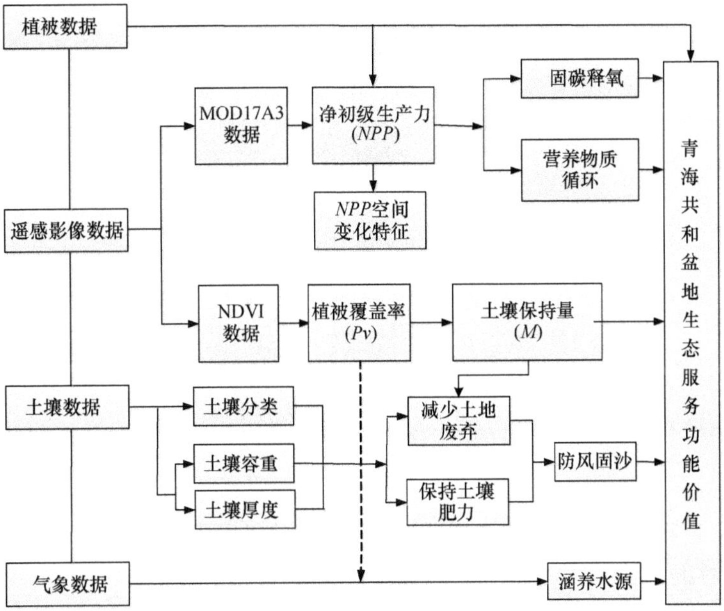

图 6.2　技术路线

6.1.3.1　共和盆地植被净初级生产力变化趋势分析

对共和盆地区域内的净初级生产力数据进行统计分析，由平均值占面积百分比讨论 2000~2012 年净初级生产力时间变异及主要组成结构。利用线性倾向估计进行 NPP 时间趋势分析。NPP 常表现为序列整体的上升或下降趋势、空间分布格局变化及在某时刻出现的转折或突变。这些变量可以看作时间的一元线性回归，线性倾向值用最小二乘法估计，见公式（6.1）：

$$B = \frac{\sum\limits_{j=1}^{n} NPP_j t_j - \frac{1}{n} \sum\limits_{j=1}^{n} NPP_j \sum\limits_{j=1}^{n} t_j}{\sum\limits_{j=1}^{n} t_j^2 - \frac{1}{n} \left(\sum\limits_{j=1}^{n} t_j \right)^2} \qquad (6.1)$$

式中，B 为线性倾向值，t 为年份，$n=13$。当 $B>0$ 时，随时间 t 的增加，NPP 呈上升趋势；当 $B<0$ 时，随时间 t 的增加，NPP 呈下降趋势。B 值的大小反映 NPP 值的上升或下降的速率。

6.1.3.2 固碳释氧评价

固碳释氧服务功能，通过植物的光合作用和呼吸作用，与大气中的氧气和二氧化碳进行气体交换，降低大气中二氧化碳的浓度，调节大气中氧气的浓度，对全球气候变化的影响至关重要。根据光合作用和呼吸作用的方程式可知：每形成 1g 干物质，可固定 1.62g CO_2，并释放 1.2g O_2。干物质量可以根据植物干物质中碳元素的含量大约占 45% 来计算（陈润政等，1998）。依据现在碳交易的价格（景兆鹏和马友鑫，2012），固碳价格为 76.216 元/t。采用工业气体交易平台（http://www.e-gas.cn/）中 2009 年氧气平均价格，为 550 元/t。因此，固碳释氧服务功能的单位面积价值为：$(NPP/45\%)\times(1.62\times76.216+1.20\times550)\times10^{-6}$ 元/($km^2 \cdot a$)，即 $1741.04NPP$ 元/($km^2 \cdot a$)。

6.1.3.3 防风固沙评价

风蚀区土壤保持量的计算主要受植被覆盖率（Pv）影响，其土壤保持量确定方法与水蚀区类似。这里根据国家标准（SL 190—2007），制定了风蚀区土壤保持量的确定方法（表 6.1）。

表 6.1 风蚀区土壤保持量 M 的确定

$Pv/\%$	<10	10~30	30~50	50~70	>70
$M/[t/(km^2 \cdot a)]$	0	5 000	7 750	10 150	11 400

风蚀区土壤保持价值通过减少废弃地功能价值和保护土壤肥力功能价值这两个方面的总和计算得出。

减少废弃地功能价值采用土地的机会成本法，由土地面积保持量和单位面积草地生产收益估算。土地面积保持量可由土壤保持量 M、土壤容重和土壤平均厚度计算。根据前期的研究（赖敏等，2013），单位面积植被平均生产收益为农田 6625 元/hm^2，其他植被类型用牧业机会成本法替代，为 164 元/hm^2。则减少废弃地功能的单位面积价值为：$M/$（土壤容重×土壤平均厚度）×单位面积生产收益。

保护土壤肥力功能的价值采用影子价格法，由土壤中氮磷钾含量、土壤保持量 M 和化肥平均价格计算。研究区土壤中氮、磷、钾的平均含量按碱解氮 216.78mg/kg、速效磷 5.64mg/kg、速效钾 209mg/kg 计算（青海省农业资源区划办公室，1997）。根据 2008 年的中国物价年鉴，可知我国磷酸二铵化肥价格为 2577 元/t，氯化钾为 2179 元/t。土壤中速效氮、速效磷和速效钾在磷酸二铵和氯化钾中的含量分别为 14%、15.01% 和 50%（赖敏等，2013）。因此，保护土壤肥力单位面积价值为：$M×$[（植被土壤平均含氮量×磷酸二铵化肥价格/磷酸二铵化肥含氮量）+（植被土壤平均含磷量×磷酸二铵化肥价格/磷酸二铵化肥含磷量）+（植被土壤平均含钾量×氯化钾化肥价格/氯化钾化肥含钾量）]。

6.1.3.4　营养物质循环评价

根据草原植物种群营养元素生殖分配表（段飞舟和陈玲，2000），可推算草地生态系统每固定 1g 碳，可积累 0.035 838 4g 氮、0.002 934g 磷和 0.010 135g 钾。因此，草地生态系统维持营养物质循环功能的单位面积价值为：$NPP×$[（植被含氮量×磷酸二铵化肥价格/磷酸二铵化肥含氮量）+（植被含磷量×磷酸二铵化肥价格/磷酸二铵化肥含磷量）+（植被含钾量×氯化钾化肥价格/氯化钾化肥含钾量）]。

6.1.3.5　涵养水源评价

采用降水贮存量法来计算植被的水分涵养量（李金昌，1999），计算公式如下：

$$Q = \sum_{i=4}^{11} 0.3187 \times j_i \times k \times P_{v_i} \qquad (6.2)$$

式中，Q 为与裸地相比较，单位面积植被涵养水分的增加量；i 为生长季节月份（$i=4$，5，…，11）；j_i 为第 i 个月的多年平均降雨量（mm）；k 为产流降雨量占总降雨量的比例，秦岭—淮河以北取 0.4，以南取 0.6（赵同谦等，2004）；P_{v_i} 为植被覆盖度。

计算出涵养水源的增加量后，其服务价值可由替代工程法计算。我国 $1m^3$ 库容的水库工程费用为 0.67 元，因而涵养水源功能的单位面积价值为

$$\sum_{i=4}^{11} 670 \times 0.3187 \times j_i \times k \times P_{v_i} \qquad (6.3)$$

6.2　共和盆地净初级生产力空间分布特征

共和盆地净初级生产力分布多集中在 30~80gC/(m^2·a)。见附图 6.3。

2000~2012 年青海省共和盆地 NPP 统计结果如表 6.2 所示。该期间青海省共和盆地植被 NPP 的平均值为 103.3 gC/(m^2·a)。从整个区域来看（附图 6.4），净初级生产力平均值在 50~100gC/(m^2·a)、100~150gC/(m^2·a) 和 150~200gC/(m^2·a) 范围内的分布面积占总面积的百分比分别为 49.5%、24.9% 和 16.6%。这三个区间的 NPP 分布面积占到总面积的 91%。大于 250gC/(m^2·a) 的面积占总面积很少，仅分布在盆地的边缘，其分布面积仅占总面积的 0.83%。

表 6.2　2000~2012 年青海省共和盆地 *NPP* 统计结果［gC/（m²·a）］

年份	最小值	最大值	平均值	标准差
2000	3	369.3	79.3	47.7
2001	3	371.5	89.6	53.1
2002	28.1	441.1	111	59.5
2003	3	369.3	79.3	47.7
2004	12.2	366.5	100.7	61.4
2005	26.8	478.2	123.4	69.1
2006	25.6	468.7	122.3	72.1
2007	26.7	425.8	120.3	70.4
2008	16.6	427.9	112.2	65.8
2009	30.4	448.6	124	71.8
2010	26.8	482.1	144.6	77.3
2011	25.3	423.3	122.8	67.8
2012	18.8	452.1	136.6	75.1

6.3　共和盆地植被净初级生产力的变化特征

6.3.1　简单差值法

将研究时段的末端时间 2012 年和起始时间 2000 年的 *NPP* 图像相减，生成 13 年间青海省共和盆地植被 *NPP* 变化特征的空间分布图，见附图 6.5。

2012 年与 2000 年的 *NPP* 相比，大部分地区是增加的，只有少部分地区是减少的。*NPP* 为−129.9~307.3gC/(m²·a)，增加幅度较大的区域集中在盆地的边缘地区和东南地区。

从表 6.3 可知，青海省共和盆地 *NPP* 增加的面积占总土地面积的 99.32%，其中增加 0~50gC/(m²·a)、50~100gC/(m²·a)和>100gC/(m²·a)的面积分别占 38.07%、46.64%和 14.61%；*NPP* 减少的面积仅占 0.68%，其中减少 0~50gC/(m²·a)的面积占到 0.56%，减少超过 50gC/(m²·a)的面积占 0.12%。

表 6.3　2000~2012 年青海省共和盆地 *NPP* 变化面积百分比

NPP 变化/［gC/（m²·a）］	面积百分比/%
< −50	0.12
−50~0	0.56
0~50	38.07
50~100	46.64
>100	14.61

6.3.2　线性回归分析法

简单差值法可以直接反映植被 *NPP* 的变化趋势，然而由于其计算研究时段端点时间图像之间的差异，计算结果易受到端点年份极端气候的影响。一元线性回归法一定程度上可以消除特定年份极端气候的影响，因而更能真实反映植被 *NPP* 在年内的演变过程。因此，我们利用一元线性回归分析方法具体分析青海省共和盆地不同植被年均 *NPP* 在 13 年间的变化趋势。

使用 2000~2012 年 13 年间年均 *NPP* 数据代入公式（6.1）的回归分析模型，得到 13 年间青海省共和盆地植被 *NPP* 的空间变化分布图，见附图 6.6。

由 *B* 值的变化范围，定义不变、轻微增加（减少）和明显增加（减少）等 5 个变化区间，具体见表 6.4，并统计各区间的面积及所占总面积的百分率。统计分析得出植被 *NPP* 的变化百分率<0 的区域面积仅占总面积的 0.7%，变化百分率为 0%~7% 的区域面积占面积的 70.6%，变化率>7% 的区域占总面积的 18.9%，由此可以看出 13 年来共和盆地的 *NPP* 变化以增加为主。

表 6.4　2000~2012 年青海省共和盆地植被年均 *NPP* 变化统计

NPP 变化百分率/%	变化级别	面积百分率/%
<−7	明显减少	0.04
−7~0	轻微减少	0.66
0	不变	9.8
0~7	轻微增加	70.6
>7	明显增加	18.9

6.4　固碳释氧价值评价

植被通过光合作用和呼吸作用与大气进行 CO_2 和 O_2 交换，吸收大气中的 CO_2，并释放 O_2，对维持大气中的 CO_2 和 O_2 动态平衡具有重要的作用。

对青海省共和盆地的固碳价值和释氧价值分别进行估算，得出青海省共和盆地生态系统固碳释氧的价值为 34.23 亿元，价值空间分布图见附图 6.7。可见固碳量高的地区主要分布在盆地的边缘区域和东南部。

6.5　防风固沙价值评价

依据 1∶100 万中国土壤类型分布图，把青海省共和盆地的土壤类型分为 8 类。参考前期的研究结果（王根绪等，2002），本研究土层平均厚度和土层平均容重的取值如表 6.5 所示。

表 6.5　青海省共和盆地土壤类型、平均土层厚度及容重

土壤类型	土层平均厚度/cm	土层平均容重/(t/m³)
棕钙土	105	1.45
栗钙土	105	1.27
沼泽土	60	0.97
风沙土	60	1.56
高山草甸土	70	1.06
亚高山草甸土	70	1.12
高山草原土	60	1.3
亚高山草原土	60	1.28

根据风蚀土壤保持量的确定方法，利用 SPOT_Vegetation 植被指数数据，得出青海省共和盆地的土壤保持量 M 为 9130 万 t/a。将减少废弃土地功能的单位面积价值公式和保护土壤肥力功能的单位面积价值公式通过 ArcGIS 运算得出青海省共和盆地风蚀土壤保持价值的分布图，见附图 6.8。青海省共和盆地土壤保持总价值为 4.6 亿元。

6.6　营养物质循环价值评价

营养物质循环是生态系统主要的过程和基本功能营养物质元素在生态系统中生物群落的循环流动，可以促进生物的新陈代谢活动。利用营养物质循环价值的计算公式，通过 ArcGIS 对 NPP 分布图的运算可以得出青海省共和盆地营养物质循环的价值为 13.76 亿元。营养物质循环价值的分布图见附图 6.9。

6.7　涵养水源价值评价

涵养水源是生态系统的一个重要服务功能。生态系统通过对降水的截留、增加土壤的下渗、抑制蒸发和缓和地表径流等起到涵养水源的作用。

研究结果显示，涵养水源的总量为 13.4 亿 m³，总价值为 9.06 亿元。由附图 6.10 可以看出，青海省共和盆地水源涵养空间分布差异显著，东南区域的水源涵养能力较强。涵养水源的价值量最高可达到 1.52 万元/km²。

6.8　结　　论

本研究在综述国内外生态系统服务价值评估的文献基础上，利用 2000~2012 年共 13 年的 MOD17A3 数据，通过 GIS 技术定量分析了青海省共和盆地植被 NPP 的时空变化特征，利用经济学方法评价了青海省共和盆地生态系统包括固碳释氧、防风固沙、营养物质循环和涵养水源等 4 个方面的服务价值。主要结论如下。

（1）2000~2012 年我国青海盆地植被年平均 *NPP* 为 103.3gC/(m²·a)，分布范围主要集中在 50~100gC/(m²·a)，占共和盆地总面积的百分比为 49.5%，其次分布在 100~150gC/(m²·a)，占总面积的百分比为 24.9%。

（2）与 2000 年相比，2012 年青海省共和盆地年均 *NPP* 大部分地区是增加的，增加幅度在 50~100gC/(m²·a)范围的面积占总面积的 46.64%；只有少部分地区是减少的，年均 *NPP* 减少的面积仅占总面积的 0.68%。

（3）青海省共和盆地 *NPP* 线性变化趋势以增加为主，*NPP* 轻微增加和明显增加的面积占总面积的比例分别为 70.6%和 18.9%，总体达到 89%以上；轻微减少和明显减少的地区仅占总面积的 0.7%，其中明显减少的面积仅占总面积的 0.04%。明显增加的植被主要分布在盆地的边缘区域。增加趋势说明，2000~2012 年青海省共和盆地植被生长状况得到较好的改善。

（4）青海省共和盆地生态系统产生的使用价值共计 61.65 亿元。从价值构成看，共和盆地生态系统各项生态服务的价值量排序为：固碳释氧＞营养物质循环＞涵养水源＞防风固沙，其中，固碳释氧的价值为 34.23 亿元，占总服务价值的 55.5%；营养物质循环的价值为 13.76 亿元，占总服务价值的 22.3%；涵养水源的价值为 9.06 亿元，占总服务价值的 14.7%；防风固沙的价值为 4.6 亿元，占总服务价值的 7.5%。

本研究对青海省共和盆地 *NPP* 进行长时间序列的估算，实现了 *NPP* 多年变化研究，为该地区的环境监测和碳循环的研究提供依据和借鉴。青海省共和盆地内工业较少，是以牧业为主、农牧相结合的生产结构。随着共和盆地人口和牲畜量的增长，对共和盆地生态系统的直接使用价值估算更为迫切，草地的过度利用将造成共和盆地草地的超载、退化，不仅制约盆地畜牧业发展，而且影响盆地生态环境的维持和可持续发展。本研究对防风固沙、固碳释氧、涵养水源和营养物质循环等生态服务功能价值进行估算，一方面可以帮助人们认识青海省共和盆地生态系统产生的巨大间接经济效益，另一方面为科学管理和合理利用当地自然资源提供科学依据。由于受科学技术水平、计量方法和现有研究文献的限制，目前尚无法对青海省共和盆地各项生态服务效益进行一一计量，本研究通过 4 项常见且影响较大的指标评估了该区域的生态服务价值，并不能完全体现其价值。因此，一些服务功能指标的选择及物质量评价方法还有待完善，建立完善的青海省共和盆地生态系统服务功能评价体系尚有待进一步的研究。但本研究评价结果仍然能在一定程度上说明青海省共和盆地生态系统在促进当地经济持续发展和环境保护中起到的重要作用，为该区域的生态环境可持续发展决策提供科学依据。

主要参考文献

陈润政, 黄上志, 宋松泉, 等. 1998. 植物生理学. 广州: 中山大学出版社.

段飞舟, 陈玲. 草原植物种群营养元素生殖分配规律研究. 2000. 内蒙古大学学报: 自然科学版, 31(2): 193-197.

黄敬峰, 李军. 2005. 草地生产力遥感动力模拟模型. 草地学报, 13(21): 10-14.

景兆鹏, 马友鑫. 2012. 云南省西双版纳地区生态系统服务价值的动态评估. 中南林业科技大学学报, 32(9): 87-93.

赖敏, 吴绍洪, 戴尔阜, 等. 2013. 三江源区生态系统服务间接使用价值评估. 自然资源学报, 28(1): 38-50.

李金昌. 1999. 生态价值论. 重庆: 重庆大学出版社.

李京, 陈云浩, 潘耀忠, 等. 2003. 生态资产定量遥感测量技术体系研究——生态资产定量遥感评估模型. 遥感信息, 3: 3-12.

李文华, 欧阳志云, 赵景柱. 2002. 生态系统服务功能研究. 北京: 气象出版社.

刘玉龙, 马俊杰, 金学林. 2005. 生态系统服务功能价值评估方法综述. 中国人口资源与环境, 15(1): 88-92.

潘耀忠, 史培军, 朱文权, 等. 2004. 中国陆地生态系统生态资产遥感定量测量. 中国科学(D 辑), 34(4): 375-384.

王根绪, 程国栋, 沈永平. 2002. 青藏高原草地土壤有机碳库及其全球意义. 冰川冻土, 24(6): 693-700.

杨光梅, 李文华, 闵庆文. 2006. 生态系统服务价值评估研究进展——国外学者观点. 生态学报, 26(2): 205-212.

于书霞, 尚今城, 郭怀成. 2004. 生态系统服务功能及其价值核算. 中国人口资源与环境, 14(5): 42-44.

张淑英, 陈云浩, 李晓兵, 等. 2004. 内蒙古生态资产测量及生态建设研究. 资源科学, 26(3): 22-28.

赵军, 杨凯. 2007. 生态系统服务价值评估研究进展. 生态学报, 27(1): 346-356.

赵景柱, 肖寒, 吴刚, 等. 2000. 生态系统服务的物质量与价值量评价方法的比较分析. 应用生态学报, 11(2): 290-292.

赵同谦, 欧阳志云, 郑华, 等. 2004. 中国森林生态系统服务功能及其价值评价. 自然资源学报, 19(14): 480-491.

周可法, 陈曦, 周华荣, 等. 2006. 基于遥感与 GIS 的干旱区生态资产评估研究. 科学通报, 51(21): 175-180.

宗文君, 蒋德明, 阿拉木萨. 2006. 生态系统服务价值评估的研究进展. 生态学杂志, 25(2): 212-217.

邹亚荣, 张增祥, 周全斌, 等. 2002. 遥感与 GIS 支持下的中国草地动态变化分析. 资源科学, 24(6): 42-47.

Adrienne G R, Susanne K. 2007. Integrating the valuation of ecosystem services into the Input-Output economics of an Alpine region. Ecological Economics, 63(4): 786-798.

Hein L, Koppen K V, Groot R S D, et al. 2006. Spatial scales, stakeholders and the valuation of ecosystem services. Ecological Economics, 57(2): 209-228.

Konarska K M, Sutton P C, Castellon M. 2002. Evaluating scale dependence of ecosystem service valuation: a comparison of NOAA-AVHRR and Landsat TM datasets. Ecological economics, 41(3): 491-507.

Lal P. 2003. Economic valuation of mangroves and decision-making in the Pacific. Ocean&Coastal Management, 46: 823-846.

Loomis J, Kent P, Strange L, et al. 2000. Measuring the total economic value of restoring ecosystem services in an impaired river basin: results from a contingent valuation survey. Ecol Econ, (33): 103-117.

Metzger M J, Rounsevell M, Acosta L. 2006. The vulnerability of ecosystem services to land use change. Agriculture Ecosystems & Environment, 114(1): 69-85.

Pattanayak S K. 2004. Valuing watershed services: concepts and empirics from southeast Asia. Agriculture Ecosystems & Environment, 104(1): 171-184.

Dagmar S, Wolfgang C, Rik L, et al. 2005. Ecosystem service supply and vulnerability to global change in Europe. Science, 310(5752): 1333-1337.

Sutton P C, Costanza R. 2002. Global estimates of market and non-market values derived from nighttime satellite imagery, land cover, and ecosystem service valuation. Ecological Economics, 41(3): 509-527.

附录　共和盆地沙区主要植物名录

表 1　青海共和盆地主要植物科属统计

科名	种数
禾本科 Gramineae	20
菊科 Compositae	18
豆科 Leguminosae	17
杨柳科 Salicaceae	11
藜科 Chenopodiaceae	9
蔷薇科 Rosaceae	8
蒺藜科 Zygophyllaceae	5
柽柳科 Tamaricaceae	5
蓼科 Polygonaceae	5
莎草科 Cyperaceae	4
唇形科 Labiatae	4
麻黄科 Ephedraceae	4
十字花科 Cruciferae	4
玄参科 Scrophulariaceae	3
胡颓子科 Elaeagnaceae	3
毛茛科 Ranunculaceae	3
茄科 Solanaceae	3
夹竹桃科 Apocynaceae	2
龙胆科 Gentianaceae	2
石竹科 Caryophyllaceae	2
榆科 Ulmaceae	2
松科 Pinaceae	2
柏科 Cupressaceae	2
报春花科 Primulaceae	2
水麦冬科 Juncaginaceae	2
旋花科 Convolvulaceae	2
其他科属	13
合计　39 科	157 种

表2　青海共和盆地植物名录

植物名称	拉丁名	科名
克氏针茅	*Stipa krylovii* Roshev.	禾本科
短花针茅	*Stipa breviflora* Griseb.	禾本科
甘青针茅	*Stipa przewalskyi* Roshev.	禾本科
冰草	*Agropyron cristatum*（L.）Gaertn.	禾本科
朝鲜碱茅	*Puccinellia chinampoensis* Ohwi.	禾本科
垂穗披碱草	*Elymus nutans* Griseb.	禾本科
狗尾草	*Setaria viridis*（L.）Beauv.	禾本科
画眉草	*Eragrostis pilosa*（L.）Beauv.	禾本科
小画眉草	*Eragrostis minor* Host.	禾本科
芨芨草	*Achnatherum splendens*（Trin.）Nevski.	禾本科
假苇拂子茅	*Calamagrostis pseudophragmites*（Hall. f.）Koel.	禾本科
赖草	*Leymus secalinus*（Georgi）Tzvel.	禾本科
芦苇	*Phragmites communis* Trin.	禾本科
披碱草	*Elymus dahuricus* Turcz.	禾本科
青海固沙草	*Orinus kokonorica*（Hao）Keng.	禾本科
固沙草	*Orinus thoroldii*（Stapf ex Hemsl.）Bor.	禾本科
沙生冰草	*Agropyron desertorum*（Fisch.）Schult.	禾本科
梭罗草	*Roegneria thoroldiana*（Oliv.）Keng.	禾本科
短叶羊茅	*Festuca brachyphylla* Schult. et Schult. F.	禾本科
冷地早熟禾	*Poa crymophila* Keng.	禾本科
紫花针茅	*Stipa purpurea* Griseb.	禾本科
阿尔泰狗娃花	*Heteropappus altaicus*（Willd.）Novopokr.	菊科
紫菀	*Aster tataricus* Linn. f.	菊科
青藏狗娃花	*Heteropappus boweri*（Hemsl.）Griers.	菊科
矮火绒草	*Leontopodium nanum*（Hook. f. et Thoms.）Hand.-Mazz.	菊科
白莎蒿	*Artemisia blepharolepis* Bunge.	菊科
百花蒿	*Stilpnolepis centiflora*（Maxim.）Krasch.	菊科
冷蒿	*Artemisia frigida* Willd.	菊科
大籽蒿	*Artemisia sieversiana* Ehrh. ex Willd.	菊科
沙蒿	*Artemisia desertorum* Spreng.	菊科
油蒿	*Artemisia ordosica* Krasch.	菊科
盐蒿	*Artemisia halodendron* Turcz. ex Bess.	菊科
岩蒿	*Artemisia rupestris* L.	菊科
北艾	*Artemisia vulgaris* L.	菊科
苍耳	*Xanthium sibiricum* Patrin.	菊科
大刺儿菜	*Cephalanoplos setosum*（Willd.）Kitaml.	菊科
顶羽菊	*Acroptilon repens*（L.）DC.	菊科

续表

植物名称	拉丁名	科名
蒲公英	*Taraxacum mongolicum* Hand.-Mazz.	菊科
沙生风毛菊	*Saussurea arenaria* Maxim.	菊科
盐地风毛菊	*Saussurea salsa*（Pall.）Spreng.	菊科
中亚紫菀木	*Asterothamnus centrali-asiaticus* Novopokr.	菊科
小蓟	*Cirsium setosum*（Willd.）MB.	菊科
草木樨状黄耆	*Astragalus melilotoides* Pall.	豆科
短毛黄耆	*Astragalus puberulus* Ledeb.	豆科
红花岩黄耆	*Hedysarum multijugum* Maxim.	豆科
乳白黄耆	*Astragalus galactites* Pall.	豆科
多枝黄耆	*Astragalus polycladus* Bur. et Franch.	豆科
甘草	*Glycyrrhiza uralensis* Fisch.	豆科
川西锦鸡儿	*Caragana erinacea* Kom.	豆科
甘蒙锦鸡儿	*Caragana opulens* Kom.	豆科
鬼箭锦鸡儿	*Caragana jubata*（Pall.）Poir.	豆科
荒漠锦鸡儿	*Caragana roborovskyi* Kom.	豆科
毛刺锦鸡儿	*Caragana tibetica* Kom.	豆科
柠条锦鸡儿	*Caragana korshinskii* Kom.	豆科
小叶锦鸡儿	*Caragana microphylla* Lam.	豆科
中间锦鸡儿	*Caragana intermedia* Kuang et H. C. Fu	豆科
花棒	*Hedysarum scoparium* Fisch.	豆科
镰形棘豆	*Oxytropis falcata* Bunge.	豆科
骆驼刺	*Alhagi sparsifolia* Shap.	豆科
猫头刺	*Oxytropis aciphylla* Ledeb.	豆科
披针叶黄华	*Thermopsis lanceolata* R. Br.	豆科
毛白杨	*Populus tomentosa* Carr.	杨柳科
青杨	*Populus cathayana* Rehd.	杨柳科
小叶杨	*Populus simonii* Carr.	杨柳科
新疆杨	*Populus alba* var. *pyramidalis* Bunge	杨柳科
北沙柳	*Salix psammophila* C. Wang et Ch. Y. Yang.	杨柳科
旱柳	*Salix matsudana* Koidz.	杨柳科
黄柳	*Salix gordejevii* Y. L. Chang et Skv.	杨柳科
山生柳	*Salix oritrepha* Schneid.	杨柳科
乌柳	*Salix cheilophila* Schneid.	杨柳科
细枝柳	*Salix gracilior*（Siuz）Nakai.	杨柳科
乳白香青	*Anaphalis lactea* Maxim.	杨柳科
碱蓬	*Suaeda glauca*（Bunge）Bunge.	藜科
藜	*Chenopodium album* L.	藜科

续表

植物名称	拉丁名	科名
灰绿藜	*Chenopodium glaucum* Linn.	藜科
滨藜	*Atriplex patens*（Litv.）Iljin	藜科
沙蓬	*Agriophyllum squarrosum*（L.）Moq.	藜科
梭梭	*Haloxylon ammodendron*（C. A. Mey.）Bunge	藜科
驼绒藜	*Ceratoides latens*（J. F. Gmel.）Reveal et Holmgren	藜科
西伯利亚滨藜	*Atriplex sibirica* L.	藜科
盐爪爪	*Kalidium foliatum*（Pall.）Moq.	藜科
中亚虫实	*Corispermum heptapotamicum* Iljin.	藜科
猪毛菜	*Salsola collina* Pall.	藜科
青海猪毛菜	*Salsola chinghaiensis* A. J. Li	藜科
多裂委陵菜	*Potentilla multifida* L.	蔷薇科
二裂委陵菜	*Potentilla bifurca* L.	蔷薇科
星毛委陵菜	*Potentilla acaulis* L.	蔷薇科
灰栒子	*Cotoneaster acutifolius* Turcz.	蔷薇科
金露梅	*Potentilla fruticosa* L.	蔷薇科
银露梅	*Potentilla glabra* Lodd.	蔷薇科
蕨麻	*Potentilla anserina* L.	蔷薇科
天山花楸	*Sorbus tianschanica* Rupr.	蔷薇科
白刺	*Nitraria tangutorum* Bobr.	蒺藜科
小果白刺	*Nitraria sibirica* Pall.	蒺藜科
骆驼蓬	*Peganum harmala* L.	蒺藜科
多裂骆驼蓬	*Peganum multisectum*（Maxiam.）Bobr.	蒺藜科
蒺藜	*Tribulus terrester* L.	蒺藜科
柽柳	*Tamarix chinensis* Lour.	柽柳科
多枝柽柳	*Tamarix ramosissima* Ledeb.	柽柳科
甘蒙柽柳	*Tamarix austromongolica* Nakai.	柽柳科
红砂	*Reaumuria songarica*（Pall.）Maxim.	柽柳科
密花柽柳	*Tamarix arceuthoides* Bunge.	柽柳科
青海大黄	*Rheum tanguticum* Maxim. ex Balf.	蓼科
沙拐枣	*Calligonum mongolicum* Turcz.	蓼科
西伯利亚蓼	*Polygonum sibiricum* Laxm.	蓼科
皱叶酸模	*Rumex crispus* L.	蓼科
珠芽蓼	*Polygonum viviparum* L.	蓼科
矮生嵩草	*Kobresia humilis*（C. A. Mey. ex Trautv.）Serg.	莎草科
青藏薹草	*Carex moorcroftii* Falc. ex Boott.	莎草科
嵩草	*Kobresia myosuroides*（Villars.）Fiori.	莎草科
薹草	*Carex tristachya* Boott.	莎草科

续表

植物名称	拉丁名	科名
白苞筋骨草	*Ajuga lupulina* Maxim.	唇形科
百里香	*Thymus mongolicus* Ronn.	唇形科
薄荷	*Mentha haplocalyx* Briq.	唇形科
异叶青兰	*Dracocephalum heterophyllum* Benth.	唇形科
草麻黄	*Ephedra sinica* Stapf.	麻黄科
膜果麻黄	*Ephedra przewalskii* Stapf.	麻黄科
木贼麻黄	*Ephedra equisetina* Bunge.	麻黄科
中麻黄	*Ephedra intermedin* Schrenk ex Mey.	麻黄科
垂果大蒜芥	*Sisymbrium heteromallum* C. A. Mey.	十字花科
蚓果芥	*Torularia humilis*（C. A. Meyer）O. E. Schulz.	十字花科
独行菜	*Lepidium apetalum* Willd.	十字花科
钝叶独行菜	*Lepidium obtusum* Basin.	十字花科
阿拉善马先蒿	*Pedicularis alaschanica* Maxim.	玄参科
短穗兔耳草	*Lagotis brachystachya* Maxim.	玄参科
砾玄参	*Scrophularia incisa* Weinm.	玄参科
沙棘	*Hippophae rhamnoides* L.	胡颓子科
肋果沙棘	*Hippophae neurocarpa* S.W. Liu.	胡颓子科
西藏沙棘	*Hippophae thibetana* Schlechtend.	胡颓子科
甘青铁线莲	*Clematis tangutica*（Maxim.）Korsh.	毛茛科
小叶铁线莲	*Clematis nannophylla* Maxim.	毛茛科
三裂碱毛茛	*Halerpestes tricuspis*（Maxim.）Hand.-Mazz.	毛茛科
枸杞	*Lycium chinense* Mill.	茄科
黑果枸杞	*Lycium ruthenicum* Murr.	茄科
中宁枸杞	*Lycium chinense* L.	茄科
白麻	*Poacynum pictum*（Schrenk.）Baill.	夹竹桃科
罗布麻	*Apocynum venetum* L.	夹竹桃科
大叶龙胆	*Gentiana macrophylla* Pall.	龙胆科
鳞叶龙胆	*Gentiana squarrosa* Ledeb.	龙胆科
麦蓝菜	*Vaccaria segetalis*（Neck.）Garcke.	石竹科
女娄菜	*Melandrium apricum*（Turcz.）Rohrb.	石竹科
旱榆	*Ulmus glaucescens* Franch.	榆科
白榆	*Ulmus pumila* L.	榆科
青海云杉	*Picea crassifolia* Kom.	松科
樟子松	*Pinus sylvestris* var. *mongolica* Litv.	松科
祁连圆柏	*Sabina przewalskii* Kom.	柏科
沙地柏	*Sabina vulgaris* Antoine.	柏科
点地梅	*Androsace umbellata*（Lour.）Merr.	报春花科

续表

植物名称	拉丁名	科名
天山报春	*Primula nutans* Georgi.	报春花科
海韭菜	*Triglochin maritimum* L.	水麦冬科
水麦冬	*Triglochin palustre* L.	水麦冬科
田旋花	*Convolvulus arvensis* L.	旋花科
银灰旋花	*Convolvulus ammannii* Desr.	旋花科
锦葵	*Malva Sinensis* Cavan.	锦葵科
北方拉拉藤	*Galium boreale* L.	茜草科
白花马蔺	*Iris lactea* Pall.	鸢尾科
狼毒	*Stellera chamaejasme* Linn.	瑞香科
鹅绒藤	*Cynanchum chinense* R. Br.	萝藦科
列当	*Orobanche coerulescens* Steph.	列当科
车前草	*Plantago depressa* Willd.	车前科
沙葱	*Allium mongolicum* Regel.	百合科
锁阳	*Cynomorium songaricum* Rupr.	锁阳科
瓦松	*Orostachys fimbriatus*（Turcz.）Berger.	景天科
五裂茶藨子	*Ribes meyeri* Maxim.	虎耳草科
远志	*Polygala tenuifolia* Willd.	远志科
置疑小檗	*Berberis dubia* Schneid.	小檗科

附　图

图 2.1　黏土沙障

图 2.2　乌柳柳条行列式沙障内直播柠条

图 2.3　草方格沙障

图 2.4　封沙育草

图 2.5　黏土沙障直播柠条

图 2.6　草方格沙障直播柠条

图 2.7　直播沙蒿柠条

图 2.8　乌柳深栽造林

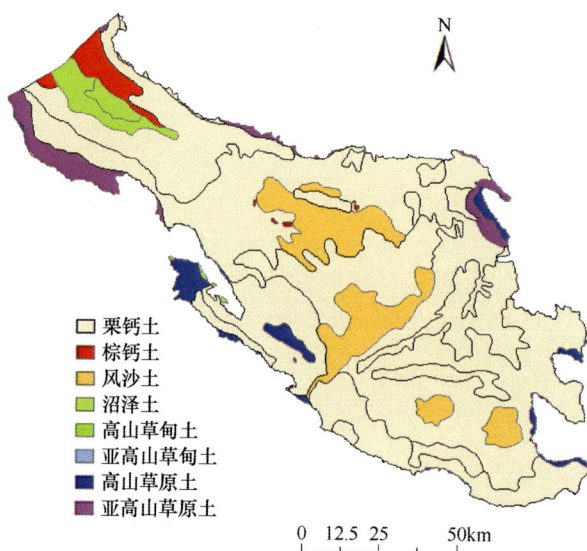

栗钙土
棕钙土
风沙土
沼泽土
高山草甸土
亚高山草甸土
高山草原土
亚高山草原土

0　12.5　25　　　50km

图 6.1　青海省共和盆地土壤类型分布

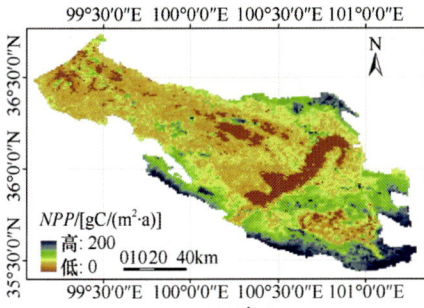

2000年

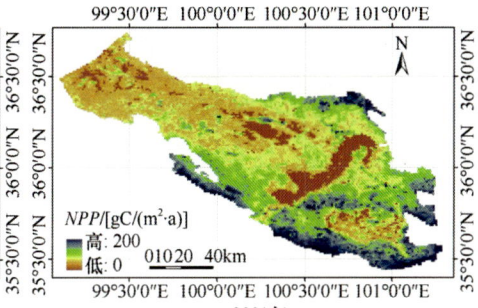

2001年

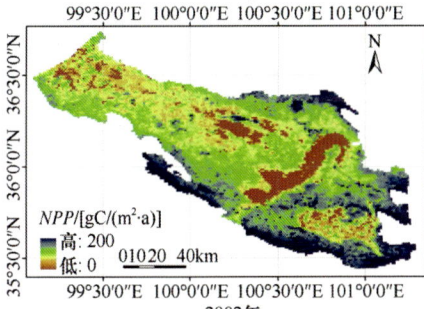

2002年

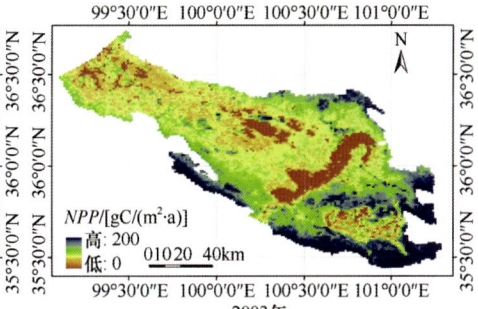

2003年

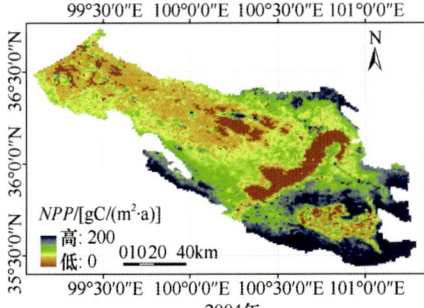

2004年

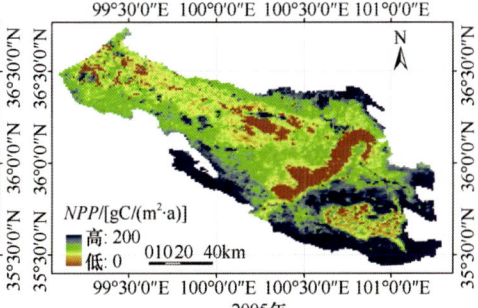

2005年

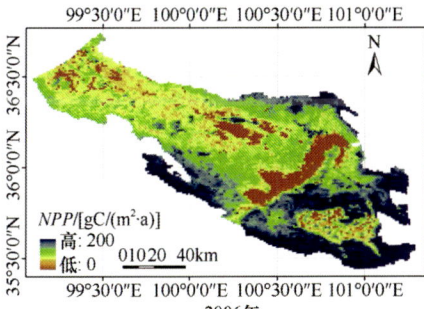

2006年

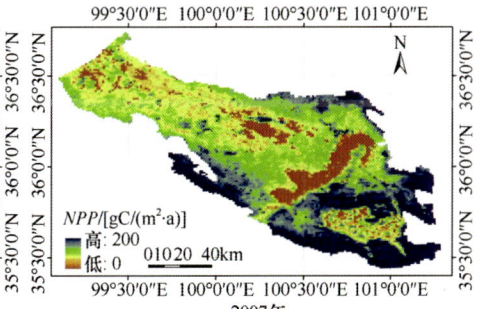

2007年

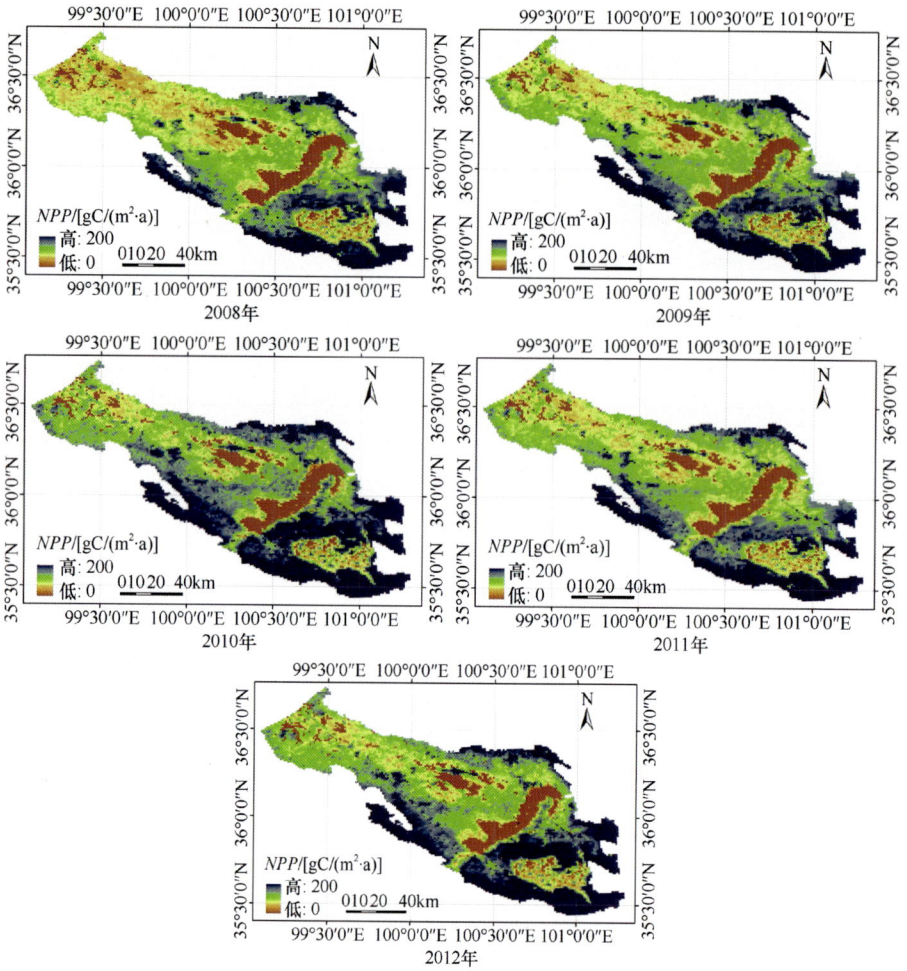

图 6.3　2000~2012 年共和盆地 NPP 空间分布

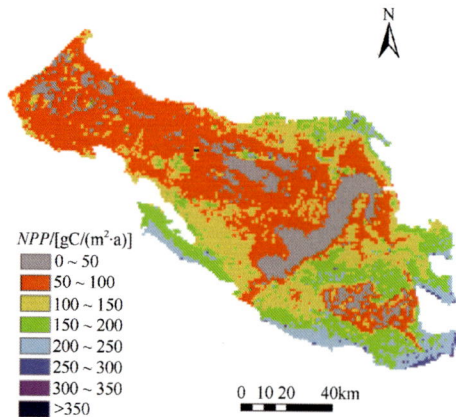

图 6.4　2000~2012 年共和盆地植被平均 NPP 的空间分布规律

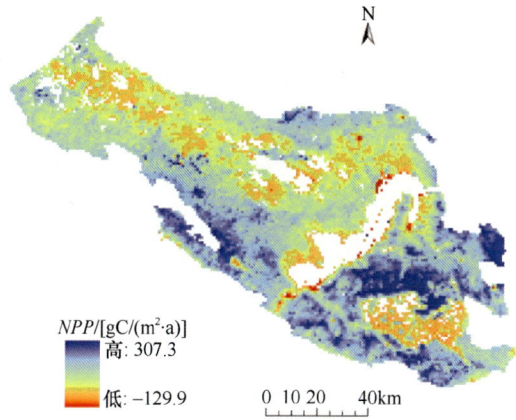

图 6.5　2000~2012 年青海省共和盆地植被 *NPP* 差值图

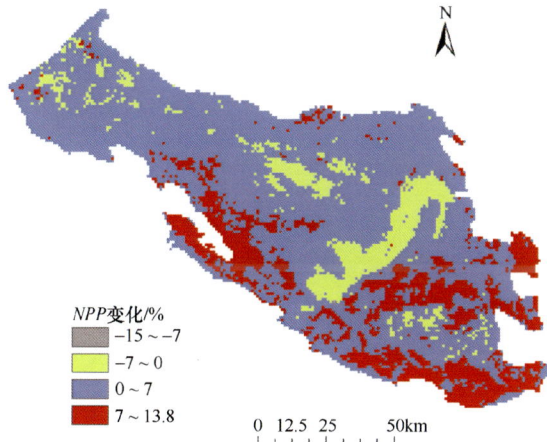

图 6.6　2000~2012 年青海省共和盆地 *NPP* 变化百分率示意图

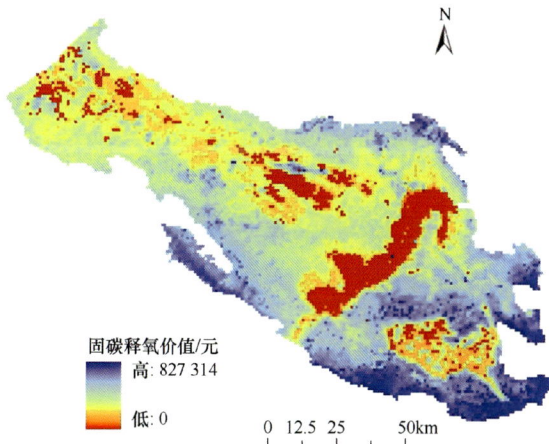

图 6.7　青海省共和盆地生态系统固碳释氧服务价值空间分布

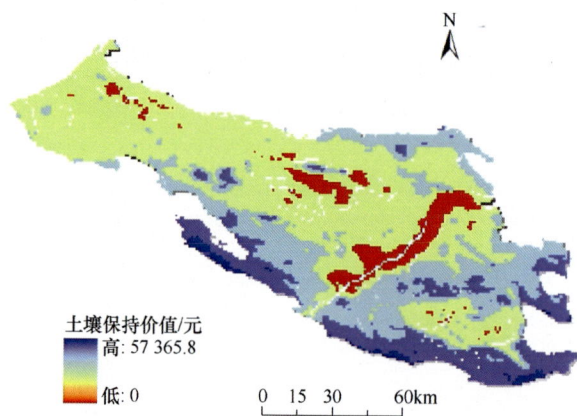

图 6.8 青海省共和盆地生态系统风蚀土壤保持价值分布图

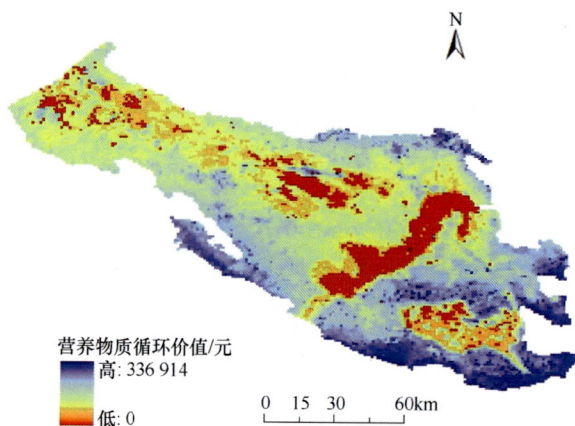

图 6.9 青海省共和盆地生态系统营养物质循环价值分布图

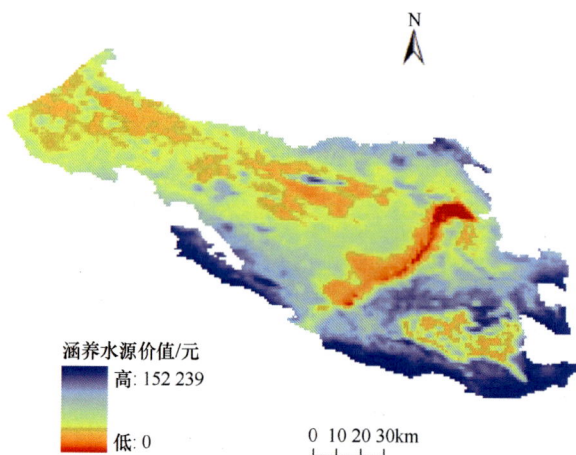

图 6.10 青海省共和盆地生态系统涵养水源价值分布图